Laxmikant Kamble
Irshad Ahmed
Ramees Muhammad

Genómica comparativa de Salmonella spp utilizando PFGE

Laxmikant Kamble
Irshad Ahmed
Ramees Muhammad

Genómica comparativa de Salmonella spp utilizando PFGE

Eletroforese em Gel de Campo Pulsado

ScienciaScripts

Imprint

Cover image: www.ingimage.com

This book is a translation from the original published under ISBN 978-620-2-02907-0.

Publisher:
Sciencia Scripts
is a trademark of
Dodo Books Indian Ocean Ltd. and OmniScriptum S.R.L publishing group

120 High Road, East Finchley, London, N2 9ED, United Kingdom
Str. Armeneasca 28/1, office 1, Chisinau MD-2012, Republic of Moldova, Europe
Printed at: see last page
ISBN: 978-620-8-18924-2

ÍNDICE

ABREVIATURAS

0	Degree
%	Percentage
°C	Degree Centigrade
µg	Micrograms
µL	Microliter
ATCC	American Type Culture Collection
avr	*Anabaena variabilis*
BPW	Buffered Peptone Water
CDC	Centers for Disease Control and Prevention
CHEF	Counter Clamped Homologus Electrophoresis
CLRW	Clear Ulta Pure Water
DNA	Deoxy Ribo Nucleic Acid
EcoR1	*Escherichia coli* RY13
EDTA	Ethylene Diaammine Tetra Acetic Acid
ELISA	Enzyme Linked Immunosorbent Assay
et al.	et alii (and others)
etc	et cetera (and so forth)
FDA	Food and Drug Administration
gm	Grams
hrs	Hours
i.e.,	That is
IMS	Immuno Magnetic Separation
*inv*A	invation A (gene)
kb	Kilo basepair
L	Liter
M	Molar
mg	Milligrams
MKTTn	Muller-Kauffmann Tetrathionate Novobiocin
mL	Mililiter
mM	Milimolar

mRNA	messenger RNA
MSRV	MODIFIED SEMI-SOLID RAPPAPORT VASSILIADIS
NA	Nutrient Agar
NaOH	Sodium Hydroxide
NC	negative control
NEB	New England Biolabs
NEC	Negative Extraction Control
Nm	Nanometer
PC	Positive Control
PCR	Polymerase Chain Reaction
PFGE	Pulsed Field Gel Electrophoresis
RE	Restriction Enzyme
RNA	Ribo Nucleic Acid
RT PCR	Real Time Polymerase Chain Reaction
sec	Seconds
spp.	Species
TBE	Tris Boric EDTA buffer
TE	Tris EDTA
TSA	Trypticase Soy Agar
U	Units
UPGMA	Upweighted Pair Group Method Algorithm
UV	Ultra Violet
WHO	World Health Organization
Xbal	*Xanthamonas bandrii*
XLD	Xylose lysine deoxycholate

Capítulo 1: Introdução

1.1 Introdução

A infeção por *Salmonella* é uma grande preocupação a nível mundial. Estima-se que cerca de 95% destas infecções são de origem alimentar. A salmonelose não tifoide é geralmente adquirida pela ingestão de água ou alimentos contaminados, enquanto os produtos avícolas são a sua principal fonte em muitos países desenvolvidos (Xia *et al.*, 2009; Adams e Moss, 2008). Estudos recentes sobre a hibridação do ADN de *Salmonella* spp. indicam que existem dois tipos de espécies de *Salmonella*, a mais importante das quais, para a infeção humana, é a *Salmonella* enterica. Exceto S. typhi e S. paratyphi, todos os outros géneros são encontrados em animais e seres humanos. A salmonelose é causada por *S. enterica,* devido à ingestão de aves de capoeira, carne de vaca, carne de porco, ovos e produtos lácteos, e é largamente responsável por mais de 600 mortes e 1,4 milhões de doenças nos EUA anualmente (CDC, 2009). Estima-se que o custo do tratamento médico e da perda de produtividade decorrentes desta doença seja de cerca de 500 milhões a 2,3 mil milhões de dólares (Gomez *et al.*, 1997). A fonte mais comum de salmonelose inclui aves de capoeira, produtos de aves de capoeira, incluindo ovos crus e não cozinhados (Dunkley *et al.* 2009; El-Gazzar e Marth, 1992). O Centro de Controlo e Prevenção de Doenças (CDC) estimou que *as salmonelas* não tifóides estão na origem de 46% das infecções de origem alimentar e causam 370 mortes por ano só nos Estados Unidos da América (Akiyama *et al.*, 2011).

Uma atividade comercial mundial muito intensa no domínio da agricultura e dos produtos alimentares facilita a transferência de tais agentes patogénicos para todo o mundo. As actividades humanas e o comércio em todo o mundo podem facilmente introduzir os agentes patogénicos em novas fronteiras geográficas do país de acolhimento (D'Aoust, 1994). Na Índia, as infecções e doenças diarreicas são muito comuns e devem-se à ingestão de alimentos e água contaminados. Na maioria destes países em desenvolvimento não existem orientações e controlos sistemáticos, o que afecta diretamente o número de casos notificados. Este facto tem um grande impacto na magnitude da infeção por *Salmonella* spp. que está bem documentada em estudos

(Kakatkar, 2011).

Devido à rápida evolução das actividades comerciais em todo o mundo, tornou-se também necessário utilizar métodos de ensaio mais rápidos e fiáveis para a inspeção da qualidade, a prevenção e o diagnóstico de doenças, bem como estudos epidemiológicos de agentes patogénicos. Os métodos convencionais utilizados para essas actividades podem ser demorados, laboriosos e enfrentam problemas como a contaminação cruzada, a reprodutibilidade, os limites de deteção, etc. (Eriksson, 2007). Para ultrapassar estes problemas, foram desenvolvidos vários métodos moleculares. A Reação em Cadeia da Polimerase em Tempo Real (RT-PCR) e a Eletroforese em Gel de Campo Pulsado (PFGE) são algumas das ferramentas mais utilizadas para a deteção e caraterização molecular de bactérias (Fendri *et al.*, 2013; Akiyama *et al.*, 2011; Stepan *et al.*, 2011).

Até hoje, pouco se sabe sobre os factores bacterianos e as condições ambientais que estão a causar o aparecimento de novos serovares e clones *de Salmonella* com maior sensibilidade aos antibióticos e virulência contra humanos e animais (Stepan *et al.*, 2011; Threlfall, 2002). Nestes cenários, é muito importante compreender e descobrir as vias de infeção da bactéria, a fim de a prevenir no futuro e também de restringir o controlo do processo a qualquer introdução acidental do agente patogénico na cadeia alimentar. Tendo em conta os países em desenvolvimento, como a Índia, onde as áreas de produção pós e pré-alimentar não são alvo de grande atenção em termos de qualidade e segurança, é muito necessário compreender a patogenicidade da bactéria e impedir a sua propagação por todo o país. Ao restringir-se ao Estado de Maharashtra, onde foram realizados poucos estudos em termos de parentesco genético das bactérias, este estudo poderia esclarecer melhor os surtos alimentares e os padrões de infeção de *Salmonella* spp. (Sangrulkar e Gandham, 2012; Sabiha e Nilekar, 2012). Os estudos epidemiológicos desta investigação poderiam ser utilizados para compreender o padrão de infecções e a via da bactéria ligada entre infecções ambientais, alimentares e clínicas.

Em qualquer ponto do fabrico, fornecimento ou durante o serviço de produtos alimentares, *as salmonelas* podem entrar na cadeia alimentar. Mesmo a presença de *salmonelas* numa concentração muito baixa nos alimentos pode resultar em doenças graves. Para prevenir e controlar tal situação, a investigação com técnicas modernas, como a PFGE e a sequenciação de nucleótidos, é utilizada na compreensão epidemiológica para chegar a conclusões significativas (Allos *et al.*, 2004; Tauxe *et al.*, 2006). No processo PFGE, o ADN bacteriano é clivado em determinados locais que são específicos para as enzimas de restrição utilizadas (específicas da bactéria). Estes fragmentos são depois submetidos a condições de eletroforese específicas para obter bandas, quando coradas com uma solução de brometo de etídio. As bandas obtidas são analisadas utilizando o sistema geldoc e o software bionumerics. O dendrograma gerado pode ser utilizado para estudar a estrutura genómica comparativa das bactérias e a relação epidemiológica (Gerner-Smidt *et al.*, 2006).

O objetivo mais importante desta investigação era estabelecer uma correlação significativa entre os isolados de *Salmonella* dos alimentos, do ambiente e dos espécimes clínicos, do distrito de Nanded, no estado de Maharashtra. Foi possível colocar a hipótese de que existe uma grande correlação entre os isolados ambientais e de aves de capoeira obtidos, enquanto os espécimes clínicos apresentavam variabilidade genética entre os próprios isolados clínicos e entre outros isolados de aves de capoeira e ambientais.

1.2 Objectivos

Os principais objectivos do estudo eram os seguintes

- Isolamento e caraterização de *Salmonella* spp. a partir de várias amostras alimentares, ambientais e clínicas.
- Identificação por PCR em tempo real de *Salmonella* spp. de várias fontes.
- Estudar a prevalência de *Salmonella* spp. em várias amostras alimentares, ambientais e clínicas.
- Análise da impressão digital do ADN do genoma completo de *Salmonella* spp. utilizando a eletroforese em gel de campo pulsado (PFGE).
- Estabelecimento de uma correlação significativa entre os isolados de várias amostras utilizando pacotes estatísticos e programas informáticos bionuméricos

Capítulo 2: Revisão da literatura

2.1 História

O género *Salmonella* recebeu o nome de Daniel Elmer Salmon, um patologista veterinário americano. Theobald Smith foi o verdadeiro descobridor da bactéria tipo, em 1885. O Dr. Salmon era o administrador do programa de investigação da USDA, pelo que o organismo recebeu o seu nome (Food Safety A to Z Reference Guide). Smith e Salmon estavam a procurar a causa da cólera comum dos porcos e propuseram este organismo como o agente causal. Antes do Dr. Salmon e Smith, em 1880, Karl Eberth foi o descobridor da bactéria designada por *Eberthella typhi.* No entanto, investigações posteriores demonstraram que este organismo (atualmente conhecido como *Salmonella enterica)* raramente provoca sintomas entéricos nos suínos, pelo que não era o agente que procuravam (que acabou por se revelar um vírus). Em 1885, Smith e Salmon isolaram *Bacillus choleraesuis* de porcos infectados. Mais tarde, em 1900, Ligniers identificou o género como *Salmonella,* que era a causa da infeção nos porcos. Nos anos seguintes, estas bactérias do género *Salmonella* acabaram por causar outras doenças infecciosas importantes em animais e seres humanos (Jay *et al.*, 2005; Ray, 2005).

O primeiro caso registado de intoxicação alimentar *por Salmonella* foi em 1888. Cerca de 58 pessoas foram infectadas ao consumir carne. O agente patogénico causador foi isolado por Gartner (Jay *et al.,* 2005) e foi denominado *Bacterium enteritidis,* que mais tarde passou a chamar-se *Salmonella enteritidis* (Ray, 2005). Durante os primeiros anos da década de 1970 nos Estados Unidos, a incidência de surtos *de salmonela* registados por ano aumentou de 37 para 68 em 1983 (Scallan *et al.,* 2011). Em 1997, foram registados cerca de 41 000 casos de salmonelose nos países da União Europeia, que aumentaram consideravelmente para 194 000 casos por ano em 2004 (Peters *et al.*, 2007).

Embora tenham sido implementadas muitas medidas de controlo na produção e no fornecimento de alimentos, *a Salmonella* é considerada um dos agentes patogénicos alimentares mais importantes em todo o mundo (Stevens *et al.*, 2006; Marrero-Ortiz *et al,* 2012). Num estudo recente de Scallan *et al.* (2011), as infecções por *salmonelas* não tifoidais são responsáveis por mais de 10 000 doenças, das quais cerca de 20 000 hospitalizações e aproximadamente 380 mortes por ano. No número total de infecções de origem alimentar, cerca de 11% devem-se apenas a infecções por *salmonelas*. Só nos Estados Unidos, cerca de 42 000 casos foram confirmados em laboratórios. Este número representa apenas um número muito pequeno, que foi notificado ou comunicado às autoridades competentes. Mas pode haver muitos outros casos que não são notificados devido à falta de instalações hospitalares, a problemas de comunicação, à falta de educação adequada e a várias dificuldades sociais, económicas e técnicas (Scallan *et al.,* 2011; Scharff, 2012).

Ao longo dos anos, o aumento dos surtos *de salmonela* está associado a mais de 2000 serótipos de estirpes *de salmonela*, e também o aumento das estirpes resistentes aos antibióticos entre estes casos infectados aumentou significativamente (Ray, 2005). Trata-se de uma grande ameaça para qualquer país desenvolvido ou em desenvolvimento. Devido à globalização e a outras actividades humanas (Kubota *et al.,* 2005), estas estirpes podem entrar em qualquer cadeia alimentar e causar graves danos à saúde e a outros aspectos económicos da comunidade (Hyeon *et al.,* 2013). Tais ameaças devem ser constantemente monitorizadas, comunicadas, prevenidas e controladas a qualquer custo, a fim de evitar calamidades.

2.2 Caraterísticas

As Salmonella spp. pertencem à família Enterobacteriaceae e são bactérias Gram-negativas, anaeróbias facultativas, não formadoras de esporos, mesófilas, com estradas de flagelos presentes. *A Salmonella* cresce a uma temperatura óptima entre 35 e 370C e tem um intervalo de crescimento de temperatura entre 5 e 46^0 C. *A Salmonella* pode ser erradicada dos alimentos através de uma pasteurização adequada. São também altamente sensíveis a um pH inferior a 4,5 (Amagliani *et al.,* 2012; Dunkley *et al.,* 2009). As caraterísticas mais notáveis dos isolados *de salmonela* são a fermentação da glucose com produção de ácido. Também são capazes de produzir sulfureto de hidrogénio (Figura 2.1) a partir de enxofre inorgânico. A produção de sulfureto de hidrogénio resulta no escurecimento do centro da colónia e dá o padrão de crescimento típico de *Salmonella* spp em placas de ágar XLD. *As salmonelas* podem também utilizar ornitina e lisina descarboxiladas e reduzir o citrato como fonte de carbono. São incapazes de produzir indol, fenialanina e desaminar o triptofano. A maioria das *Salmonella* spp. não consegue hidrolisar a ureia ou mesmo utilizar malonato (Farmer III *et al.*, 2007; Grimont *et al.*, 2000).

O trato intestinal dos mamíferos e das aves é o habitat mais comum da bactéria *Salmonella*, sobretudo nas aves de capoeira (Levin, 2010; Ryan, 2004; Chandra *et al.*, *2007).* Os serovares *de Salmonella* podem causar a doença tifoide e paratifoide no ser humano, o que provoca grandes perdas económicas a nível mundial. A infeção por *salmonelas* não tifóides é uma das doenças gastroenteríticas mais ameaçadoras para o ser humano, estimada em 94 milhões de casos em todo o mundo (D'Aoust, 1994; Xia *et al.*, 2009).

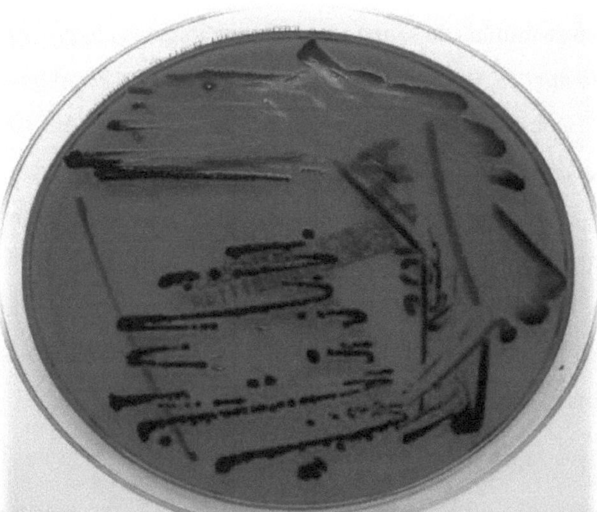

Figura.2.1 Crescimento típico *de Salmonella* spp. numa placa de ágar XLD

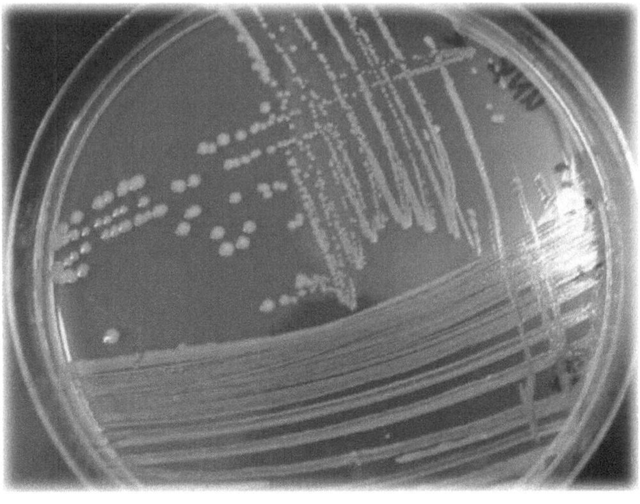

Figura.2.2 Crescimento típico *de Salmonella* spp. na placa NA

2.3 Classificação *das salmonelas*

Entre todos os serovares de *Salmonella* spp., cerca de 60% dos serovares pertencem à *S. enterica* subsp. *enterica.* Estes 60% são responsáveis pela maioria das infecções nos seres humanos e nos animais de sangue quente relacionados com *as salmonelas* spp. *A Salmonella typhimurium* e *a Salmonella enteritidis* são os dois serovares mais frequentemente associados às infecções de origem alimentar em todo o mundo. *A Salmonella bongori* está maioritariamente associada a animais de sangue frio (Levin, 2010; Ray, 2005). As estirpes bacterianas são subtipadas a fim de as diferenciar ao nível das subespécies e há uma série de métodos utilizados para o efeito. Isto é importante para localizar a origem da contaminação bacteriana, determinar a sua relação e também para efetuar uma investigação rápida e eficaz dos surtos (Foley *et al.*, 2009; Widemann, 2002).

2.3.1Método baseado no fenótipo

A subtipagem de *Salmonella* pode ser conseguida através de métodos baseados em fenótipos ou métodos genotípicos. A primeira categoria depende das caraterísticas fenotípicas da bactéria, enquanto a segunda se baseia na natureza genética da bactéria (Wiedmann, 2002; Wattiau *et al.*, 2011). A serotipagem é uma das subtipagens baseadas no fenótipo mais amplamente utilizadas. White e Kauffmann introduziram a serotipagem pela primeira vez no início da década de 1920, utilizando cerca de 20 grupos O com um sistema de numeração. Nos anos posteriores, foi modificada e utilizou o lipopolissacárido somático estável ao calor (O) e antigénios flagelares lábeis ao calor (H) (Botteldoorn *et al.*, 2004; Wattiau *et al.*, 2011).

A serotipagem baseada em microarray de anticorpos, a fagotipagem e a biotipagem são outros métodos semelhantes de subtipagem de bactérias com base fenotípica. O microarray utiliza a técnica semelhante de Kauffmann-White com ligeiras modificações. A reação antigénio-anticorpo é monitorizada e visualizada em microlâminas e os positivos são depois detectados por fluorescência (Wattiau *et al.*, 2011). A tipagem de fagos é amplamente utilizada com estirpes bacterianas, utilizando a especificidade dos isolados com bacteriófagos (Jay *et al.*, 2005). Por exemplo, *a Salmonella Typhimurium* reage com 37 fagos diferentes para diferenciar entre 230 tipos de fagos (Botteldoorn *et al.*, 2004). A biotipagem baseia-se geralmente na utilização de vários substratos bioquímicos para diferenciar as bactérias pelo seu género, espécie e outras classificações (Agasan *et al.*, 2002).

De acordo com o CDC, existem aproximadamente 35 000 casos de isolados *de salmonelas*, identificados e comunicados eletronicamente por vários laboratórios médicos e outros laboratórios relacionados com a saúde pública, ao laboratório do CDC. Estes dados são utilizados para monitorizar a salmonelose e possíveis surtos. Kauffmann propôs a nomenclatura inicial *das salmonelas* com o conceito de serótipo-uma espécie, que identifica com base nos antigénios somáticos (O) e flagelares (H) presentes. Mais tarde, com a descoberta crescente de mais estirpes *de salmonelas*, tornou-se difícil classificá-las. Tornou-se necessário que os métodos de Kauffmann evoluíssem para um sistema de nomenclatura mais complexo. Estudos realizados por Crosa *et al.* demonstraram que a hibridação ADN-ADN dos serótipos e subgéneros I, II, IV e "Arizona" pertence à mesma subespécie. [th]Durante a reunião do comité de Bacteriologia sistemática em 1986, foi decidido que *Salmonella* enterica seria a classificação adequada para todas as espécies-tipo de *salmonelas* (Bernner, 2000).

Durante o ano de 1987, foi proposto por Le Minor e Popoff que todos os subgéneros *de salmonela* fossem tratados como subespécies, incluindo I, II, IIIa, IIIb, IV, V e VI. A S. enterica subsp. *arizone* (IIIa) e a S. enterica subsp. *diarizonae* (IIIb) foram classificadas em duas subespécies relacionadas, devido à estrutura genética e à reação bioquímica exibidas pelas mesmas (Bernner, 2000). A Tabela 1 mostra as espécies, subespécies e serótipos *de Salmonella* e os seus habitats habituais de acordo com o esquema de Kauffmann-White (Bernner, 2000).

S.NO	Espécies e subespécies *de Salmonella*	N.º de serótipos Na subespécie	Habitat habitual
1	*S. entérica* subsp. *entérica* (I)	1454	Animais de sangue quente
2	*S. entérica* subsp. *salamae* (II)	489	Animais de sangue frio e ambientes
3	*S. enterica* subsp. *arizone* (Illa)	94	Animais de sangue frio e ambientes
4	*S. enterica* subsp. *diarizonae* (IIIb)	324	Animais de sangue frio e ambientes
5	*S. enterica* subsp. *houtenae* (IV)	70	Animais de sangue frio e ambientes
6	*S. enterica* subsp. *indica* (VI)	12	Animais de sangue frio e ambientes
7	*S. bongori* (V)	20	Animais de sangue frio e ambientes
Total		**2463**	

Tabela 2.1 Espécies, subespécies e serótipos *de Salmonella* e seus habitats habituais, esquema Kauffmann-White (Hurley, 2014).

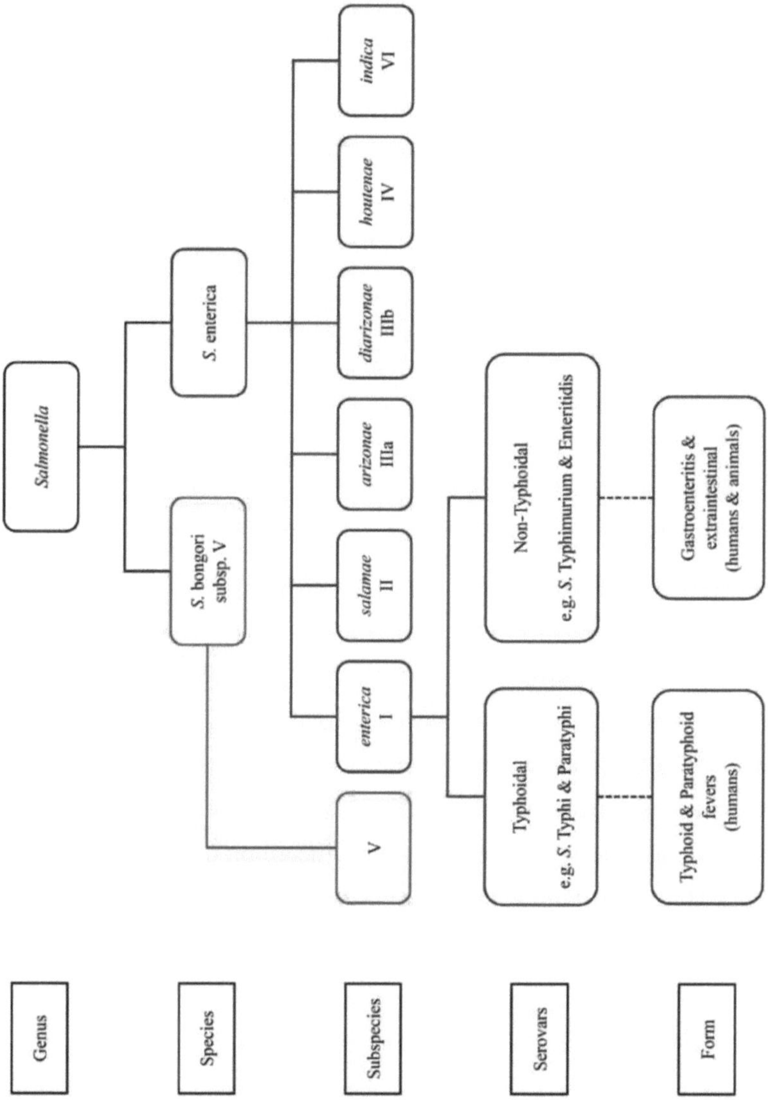

Figura 2.3 Classificação das espécies e subespécies *de salmonelas* (Hurley *et al.*, 2014)

2.3.2Métodos baseados em genotipagem

Na era moderna, os métodos de subtipagem de base molecular são amplamente utilizados para discriminar os agentes patogénicos bacterianos em termos de género, espécie e subespécie (Rivoal *et al.,* 2009). Os métodos baseados na genotipagem demonstraram ter maior sensibilidade, especificidade e reprodutibilidade do que os métodos disponíveis baseados na fenotípica (Molbak *et al.*, 2006). Devido a estas qualidades dos métodos baseados na genotipagem, estes são amplamente utilizados em estudos epidemiológicos e em áreas de investigação extensivas para compreender os agentes patogénicos bacterianos em termos da sua estrutura genética, patogenicidade e modo de infeção (Wiedmann, 2002). Devido à recente proeminência de *Salmonella* spp., foram utilizados vários métodos de tipagem molecular para melhorar a identificação desta infeção de origem alimentar e também para diferenciar estirpes acima do nível de serotipagem (subtipagem). Os métodos padrão para a identificação e tipagem de *Salmonella* spp. incluem a serotipagem, a biotipagem e a tipagem de fagos, que podem não ser suficientemente discriminativos porque mais de 75% das *Salmonella* isoladas durante um surto pertenciam a um único tipo de fago (Xia, 2009).

A análise de restrição utilizando enzimas de restrição é o processo típico envolvido no método de subtipagem baseado na genotipagem. Existem vários métodos envolvidos, tais como ribotipagem, perfil de plasmídeo, PFGE e métodos RFLP (Foley *et al.*, 2009). No perfil de plasmídeo, as *salmonelas* spp. são diferenciadas com base na presença de ADN de plasmídeo na célula bacteriana. O ADN plasmídico é extraído utilizando enzimas, que lisam as membranas celulares em condições altamente alcalinas, e os plasmídeos são precipitados em álcool ou outros solventes orgânicos, como o etanol ou o clorofórmio. Os plasmídeos têm geralmente um tamanho que varia entre 1000 e 180000 kb e podem ser isolados e purificados por eletroforese em gel (Threlfall e Frost, 1990). É gerado um perfil plasmídico com base no número de plasmídeos isolados e no seu peso (Molbak *et al.,* 2006).

O RFLP é um método baseado na utilização de enzimas endonuclease de restrição e na eletroforese em gel, para determinar o perfil da capacidade de pequenos fragmentos de ADN para hibridizar com uma sequência de ADN específica (sondas), que são marcadas com um substrato específico com propriedades quimioluminescentes. A diferença de tamanho dos fragmentos de ADN é visualizada numa membrana de nitrocelulose. O perfil é reproduzível devido à especificidade da enzima de restrição do ADN para clivar apenas sequências de nucleótidos específicas no ADN (Foley *et al.*, 2009; Jay *et al.*, 2005). Para uma melhor discriminação, o RFLP também pode ser utilizado para criar mais do que um perfil para a mesma bactéria, utilizando diferentes enzimas de restrição e caracterizando assim a bactéria com um segundo nível de caraterização (Foley *et al.*, 2009).

A ribotipagem também se baseia na técnica RFLP, mas utilizando o material genético do ARN ribossómico (ARNr). Tal como na RFLP, na ribotipagem o ARNr é tratado com enzimas de restrição específicas e os produtos são isolados e purificados por eletroforese e transferidos para uma membrana de nylon para hibridação. Os fragmentos gerados são então lidos utilizando um sistema automatizado e o perfil é comparado com uma biblioteca (Jay *et al.*, 2005).

A PFGE é considerada o "padrão de ouro" para a tipagem de agentes patogénicos bacterianos. No processo de PFGE, são utilizadas uma ou mais enzimas de restrição para clivar o ADN. Ao contrário do RFLP e da ribotipagem, o PFGE pode ser utilizado para a tipagem de ADN de bactérias que são comparativamente grandes em tamanho. E um segundo ou terceiro perfil pode ser gerado utilizando uma enzima de restrição diferente. A PFGE é uma das técnicas mais utilizadas na investigação epidemiológica e na subtipagem de agentes patogénicos bacterianos até ao nível de subespécie (Levin, 2010). No protocolo de PFGE, todo o material genético é isolado e tratado com enzimas de restrição e é colocado num gel de agarose com um campo elétrico especial. Os padrões obtidos são fotografados e analisados num software bionumérico para comparar a relação entre os isolados.

2.4 Infeção *por Salmonella*

A Salmonella enterica, responsável pelas principais infecções em animais e seres humanos, provoca sintomas clínicos como febre, diarreia, vómitos, cólicas abdominais, fadiga, etc. Os serovares *de S. enterica*, S. Typhi e S. Paratyphi, causam infeção por febre tifoide e febre paratifoide apenas em seres humanos, enquanto as outras estirpes não tifóides (NTS), como Typhimurium e Enteritidis, causam gasteroenterite e infecções relacionadas com alimentos em seres humanos e animais, especialmente em animais de criação, como bovinos, aves de capoeira e suínos (Hurley, 2014; Leon-Velarde *et al.*, 2000). *Os S. enterica* estão normalmente presentes no intestino dos vertebrados e existem cerca de 2400 serovares conhecidos pela humanidade, mas apenas alguns podem causar doenças associadas aos seres humanos (Main-Hester, 2008).

Nos últimos tempos, o frango e os ovos contaminados são os veículos mais frequentemente identificados, que desempenham um papel importante na causa da salmonelose humana, uma vez que foram responsáveis pela pandemia associada a *S. Enteritidis* entre meados da década de 1980 e meados da década de 1990. Foram comunicados muitos surtos que implicam a carne de aves de capoeira como fonte de infeção. Num estudo realizado em matadouros no Canadá, a taxa de prevalência de *Salmonella* em frangos foi de 32,5% (D'AOUST, 1991).

A maioria dos casos de salmonelose transmitida pelo leite em seres humanos está associada a leite cru, mal tratado termicamente, inadequadamente pasteurizado ou contaminado após a pasteurização. *As salmonelas* também se encontram em animais de sangue quente e frio. É uma das zoonoses mais disseminadas. *A S. Enteritidis* surgiu como uma causa importante de surtos de gastroenterite nos seres humanos e representa um problema de saúde pública significativo em todo o mundo. *O S. Enteritidis* é também a principal causa atual de infecções de origem alimentar nos Estados Unidos (Malorny, 2007).

O aumento dramático do número de infecções humanas, através do consumo de ovos contaminados por este agente patogénico, tem sido motivo de grande preocupação para as autoridades de saúde pública. Os ovos com casca são responsáveis por quase metade dos surtos, e a taxa de doença registada aumentou mais de seis vezes na região nordeste dos Estados Unidos. *O S. Enteritidis* fago tipo 4 (PT4) tornou-se um problema grave nas galinhas em muitas áreas da Europa, emergindo como a principal causa de salmonelose nos seres humanos em Inglaterra e no País de Gales (Malorny, 2007).

Os ovos foram positivamente identificados como os principais veículos de transmissão da infeção; no entanto, os frangos de carne são também uma causa importante tanto de casos esporádicos como de surtos (Martelli e Davies, 2012). Num estudo britânico, *a Salmonella Enteritidis* PT 4 parece ser um dos serótipos mais predominantes em frangos de carne. A prevalência de *Salmonella Enteritidis* é maior nas galinhas e nos ovos com casca. Os ovos com casca podem ser contaminados com *S Enteritidis* em resultado de galinhas poedeiras infectadas. Embora o crescimento *da Salmonella Enteritidis* possa ser mínimo na albumina, contamina a gema do ovo se a bactéria penetrar na membrana vitelina durante o armazenamento e crescer rapidamente na gema rica em ferro após a transmissão através da casca do ovo e da albumina. O crescimento de *S. Enteritidis* nos ovos mostrou uma correlação elevada com a temperatura de armazenamento dos ovos com casca (Suzuki, 1994).

Há muito que existe uma associação entre a contaminação de ovos e ovoprodutos com *Salmonella* e a infeção humana. A pandemia *de S. Enteritidis* PT4, que eclodiu em meados da década de 1980, foi causada pelo consumo de ovos mal cozidos ou crus ou de pratos deles derivados, tal como revelado em estudos de caso-controlo realizados nos EUA, Inglaterra e País de Gales. Os pratos preparados com ovos crus ou pouco cozinhados são incriminados em muitos surtos de intoxicação alimentar. Inquéritos realizados nos Estados Unidos mostraram que 10% a 40% dos ovos líquidos pasteurizados em fábricas comerciais de ovos partidos continham *S. Enteritidis.* Inquéritos efectuados em Inglaterra e no País de Gales mostraram que entre 0,2% e 1,6% dos ovos estavam contaminados com *Salmonella* (D'AOUST, 1994).

As perdas económicas associadas às infecções *por Salmonella* têm atraído uma atenção crescente nos países desenvolvidos nos últimos anos, em particular nos EUA, Canadá e Europa (Carrasco *et al,* 2011). Num programa de vigilância de três anos sobre infecções de origem alimentar conduzido pela OMS na Europa, *a Salmonella* spp. foi identificada em 84,5% dos surtos para os quais foi notificado um agente causador. No entanto, o impacto pode ser maior nos países em desenvolvimento, para os quais existem poucos dados disponíveis (Sanchez-Vargas *et al.,* 2011).

Na Índia, *a Salmonella* foi isolada de uma variedade de alimentos, tais como produtos à base de carne de porco, carne de vaca, peixe e produtos à base de peixe, ovos, bem como da água. As taxas de isolamento de vários alimentos variaram de 0 a 100%. No entanto, a magnitude exacta da salmonelose de origem alimentar na Índia ainda não é conhecida. Kumar, Y., (2009) e os seus colegas efectuaram um estudo recente sobre 19 serovares *de Salmonella* e a sua tendência de distribuição na Índia. Um total de

1795 isolados não tifoidais e 1284 tifoidais foram identificados no ano 2001-2005 na Índia. Dos 4672 isolados analisados, 14,4% foram identificados como *S.enteritidis*. Para que o estudo se limite a Maharashtra, um estado do sul da Índia, onde a qualidade dos alimentos importados de outros locais e produzidos localmente não é alvo de muita atenção em termos de qualidade e higiene, o que resulta em múltiplos surtos ao longo do ano devido a intoxicação alimentar, é necessário um acompanhamento e controlo cuidadosos destes agentes patogénicos.

2.5 Fator de virulência *da Salmonella*

Até à data, foi identificado e caracterizado um grande número de genes e outros genes de reforço da virulência, responsáveis pelas caraterísticas virulentas das estirpes *de salmonelas*. Entre a virulência das bactérias, o fator mais importante que contribui para a natureza virulenta é a invasão da célula nas células hospedeiras. Esta caraterística específica das estirpes *de salmonelas* encontra-se nas ilhas de patogenicidade (SPI1). Existem 5 ilhas de patogenicidade diferentes no genoma *da Salmonella* enterica, SPI1 a SPI5. *O invA* é o gene que se encontra na SPI1 e que é responsável pela produção das proteínas que ajudam as bactérias a entrar na célula hospedeira (Levin, 2010). *S enterica* serovar Typhimurium transporta todos os 5 SPIs, mas apenas o SPI1 desempenha um papel importante na invasão celular e na morte pró-inflamatória da célula hospedeira (Leon-Velarde *et al.*, 2000). Entre os genes de virulência presentes nos SPIs, o gene *invA* é um dos mais importantes genes de invasão, que possui uma região altamente conservada. Estas sequências e outras sequências de genes como *his, hilA, hin* são amplamente utilizadas na deteção por PCR de ADN *de salmonelas*, utilizando primers específicos forward e reverse. *inaA* é uma das maiores sequências de genes virulentos com 941 pb, que é utilizada em passos de amplificação por PCR (Levin, 2010).

As SPIs estão presentes no cromossoma bacteriano ou mesmo nos plasmídeos e são transferidas para a geração seguinte por meio de transferência horizontal. Até à data, foram descritas 23 SPIs, mas a função de todos os genes presentes nas SPIs não é conhecida (Hurley *et al.,* 2014). A Figura 2.4 representa uma estrutura esquemática de SPI1 e SPI2. Para além dos genes de virulência, as ilhas de patogenicidade também transportam genes para proteínas efectoras e proteínas secretoras, que são necessárias para as interações e infecções das células hospedeiras (Hurley *et al.,* 2014). A SPI1 transporta genes para as proteínas T3SS-1 que ajudam *as salmonelas* a entrar nas células hospedeiras através das camadas do epitélio intestinal. Enquanto a SPI2 é responsável pela produção de proteínas, pelo crescimento e pela sobrevivência das bactérias *salmonelas* no interior dos macrófagos e das células epiteliais do hospedeiro após a fase de infeção (Hensel, 2004).

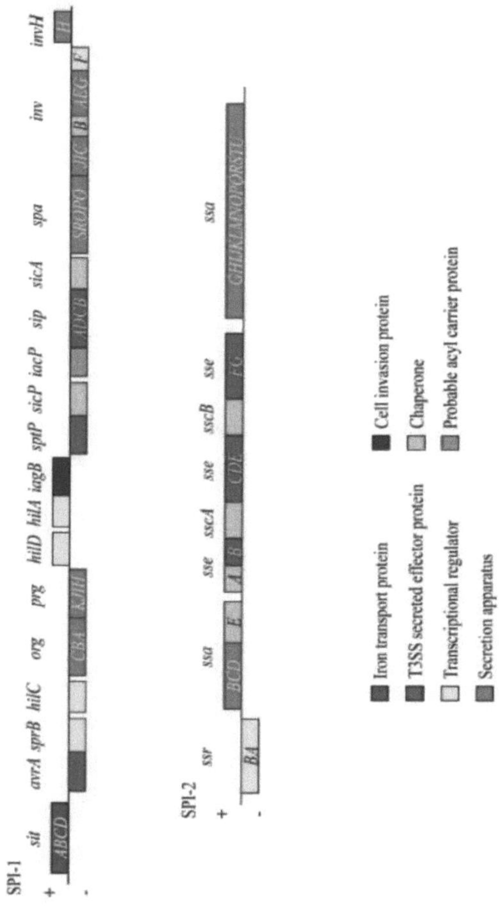

Figura 2.4 Representações esquemáticas do SPI-1 e do SPI-2 (Hurley *et al.,* 2014)

2.6 RT PCR

No ano de 1985, Kary, B. Mullis descobriu o método convencional de PCR, que incluía três fases diferentes: (1) Extração de ácido nucleico, (2) Amplificação do ADN, (3) e identificação do produto do amplicon de ADN utilizando o método de eletroforese em gel (Foley *et al.,* 2009). A PCR é um dos métodos mais poderosos utilizados nos estudos modernos de biologia molecular devido à sua sensibilidade, especificidade, fiabilidade e reprodutibilidade (Levin, 2010). A RT PCR é o processo de PCR muito mais avançado, em que o ADN-alvo amplificado pode ser detectado e registado em cada ciclo. Há uma série de estudos relatados na deteção de agentes patogénicos bacterianos em amostras alimentares, ambientais e clínicas utilizando a RT PCR (Malorny *et al.,* 2013; O'Regan *et al.,* 2008; Lee *et al.,* 2009; Handjinicolaou *et al.,* 2008; Liming e Bhagwat, 2004).

O desenvolvimento da RT PCR foi um dos avanços mais significativos no domínio do diagnóstico alimentar, em termos de deteção rápida de agentes patogénicos, vírus, adulterações, alergénios e organismos geneticamente modificados (OGM). Estas medidas de diagnóstico e monitorização foram implementadas nas linhas de produção da cadeia alimentar para garantir que a qualidade dos alimentos ou produtos agrícolas é elevada para consumo humano (Liebana *et al.,* 2001). Recentemente, muitos laboratórios de análise e investigação têm vindo a utilizar a RT PCR como método rápido e fiável para a identificação de agentes patogénicos em amostras alimentares, ambientais e clínicas. A vantagem deste método é o facto de não exigir quaisquer procedimentos adicionais de meios de cultura para confirmar amostras negativas obtidas por RT PCR (Malorny *et al.,* 2013).

A PCR convencional é um processo *in vitro*, que utiliza uma enzima ADN polimerase e todos os blocos de construção necessários para a amplificação do ADN sob temperaturas controladas. A utilização de regiões específicas nas regiões conservadas do ADN alvo permite a utilização de iniciadores (cadeia curta de ADN sintético para identificar a sequência alvo) para efeitos de especificidade da reação (Levin, 2010). Na PCR convencional, estão envolvidas três fases. A desnaturação é a primeira fase em que o ADN alvo de cadeia dupla na mistura de PCR é aquecido acima de 90^0 C durante 10 minutos. A desnaturação assegura a separação do ADN alvo em duas cadeias de ADN livres para o processo de PCR. Após a desnaturação, um conjunto de primers forward e reverse é ligado a uma sequência específica no ADN. Os iniciadores reconhecem normalmente uma região conservada no ADN modelo, onde é provável que não ocorram mutações ou alterações. Isto é referido como a fase de recozimento na PCR. O recozimento do ADN com primers ocorre normalmente a 65^0 C (Lodish, 2013). Na fase de alongamento, a enzima polimerase adiciona os nucleótidos ao ADN modelo e cria duas cadeias de ADN filhas que são complementares ao ADN modelo. Os primers são selecionados de forma a que só se a sequência específica, que está a ser estudada, estiver presente no ADN alvo é que o primer se liga e a PCR amplifica o ADN. O produto final é submetido a uma eletroforese em gel para verificar se a amplificação é verdadeira. O ADN pode ser isolado e purificado para estudos de sequenciação ou outras investigações. A Figura 2.5 representa as 3 fases diferentes da PCR (Lodish, 2013).

A RT PCR funciona com base num princípio semelhante ao da PCR convencional, exceto que na RT PCR não existe um processo de pós-PCR, como a eletroforese em gel. Na PCR RT, o resultado da amplificação é obtido instantaneamente após cada ciclo. Os iniciadores utilizados na RT PCR são marcados com sondas específicas, que contêm um corante repórter e uma molécula supressora. Os corantes repórteres são geralmente de natureza fluorescente com um comprimento de onda específico. Quando estão intactos com a sonda e ligados ao iniciador, o supressor absorve os fluorescentes e a câmara CCD nas máquinas de PCR RT não regista qualquer comprimento de onda. Durante a fase de extensão, a enzima polimerase cliva os primers e liberta o corante repórter para a solução, afastando-o da molécula supressora. A câmara CCD pode agora registar esta fluorescência produzida pelo repórter e pode ser detectada uma amplificação verdadeira (Levin, 2010; Lodish, 2013). Outra vantagem da RT PCR é a utilização da amplificação de múltiplos alvos na mesma execução de PCR. Na RT PCR é possível utilizar múltiplos primers marcados com diferentes corantes repórteres para detetar mais do que uma sequência alvo. Os iniciadores podem ser definidos para detetar diferentes genes presentes ao nível da espécie, ou mesmo para detetar a presença de múltiplos ADN de agentes patogénicos (Riyaz-Ul-Hassan *et al.,* 2004). A RT PCR também pode ser utilizada para a quantificação do ADN alvo (Lee *et al.,*

2009).

Para fins de investigação, estudo e análise de diagnóstico rápido, o método convencional de deteção de agentes patogénicos a partir de várias amostras tem sido submetido a sistemas mais rápidos, automatizados e sensíveis, como a RT-PCR. Estes ensaios foram desenvolvidos para reduzir as laboriosas etapas de isolamento e serotipagem *da Salmonella* (Handjinicolaou, 2008). A introdução da PCR em tempo real oferece a oportunidade de deteção rápida de agentes patogénicos em ambientes alimentares, ambientais e clínicos. Para além de poupar tempo, a RT-PCR é altamente específica e sensível e oferece o potencial de quantificação. O risco de contaminação cruzada é significativamente reduzido e é possível um desempenho e automatização de elevado rendimento, uma vez que não são necessárias manipulações pós-PCR. Estes novos ensaios de PCR em tempo real demonstraram ter uma sensibilidade mais elevada do que ferramentas de diagnóstico fiáveis que complementam os métodos de análise de toxinas existentes. Os ensaios desenvolvidos podem contribuir substancialmente para a determinação das verdadeiras incidências das intoxicações alimentares causadas por contaminação bacteriana, especialmente através da redução da taxa de diagnósticos incorrectos, ao mesmo tempo que reduzem o tempo consumido para o diagnóstico por microbiologia convencional (Jyothi *et al.,* 2010; Amagliani *et al.,* 2011; Daum *et al.,* 2002). A única limitação destes tipos de métodos de diagnóstico baseados no ADN é a possível deteção ou amplificação de ácido nucleico de células não vivas, o que conduz a resultados falsos positivos. Normalmente, nas indústrias alimentares, este problema é evitado através da adição de uma fase de enriquecimento da cultura do alimento em investigação. Esta etapa garantirá que os resultados obtidos provêm apenas de células viáveis (Amagliani *et al.*, 2011).

A deteção de *Salmonella* spp. utilizando vários métodos, incluindo métodos convencionais, ELISA, técnicas de separação imuno magnética (IMS) e técnicas de PCR, foi estudada por Erikson et *al.* (2007) e Mercanoglu *et al.* (2009). Foi testado um total de 391 amostras utilizando estes métodos. Os limites de deteção e a sensibilidade foram estudados em pormenor. Para o isolamento convencional, as amostras foram processadas com água peptonada tamponada (BPW) e posteriormente enriquecidas com ágar Rappaport-Vassilidias (MSRV). As amostras para o isolamento de *Salmonella* foram obtidas a partir de diferentes fontes, incluindo fezes de animais, fezes de bovinos, suínos e aves de capoeira contaminadas de forma natural e contaminadas com spikes. Os meios MSRV tiveram o melhor desempenho para o isolamento convencional. Enquanto que as técnicas ELISA utilizando VIDAS SLM tiveram um desempenho inferior, e a PCR mostrou a maior sensibilidade na deteção (Eriksson, 2007).

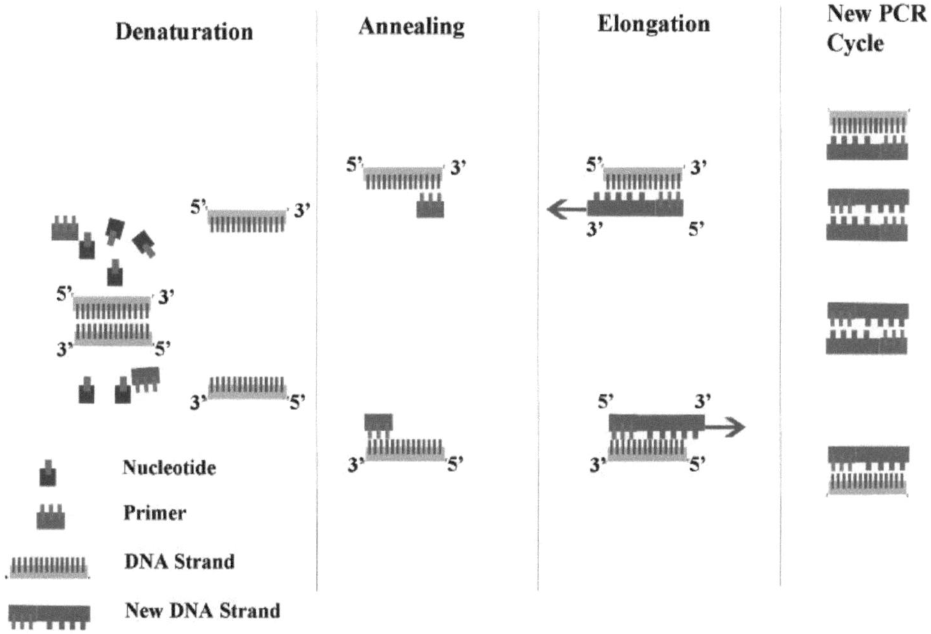

Figura 2.5 Representações esquemáticas das 3 etapas do processo de amplificação da PCR

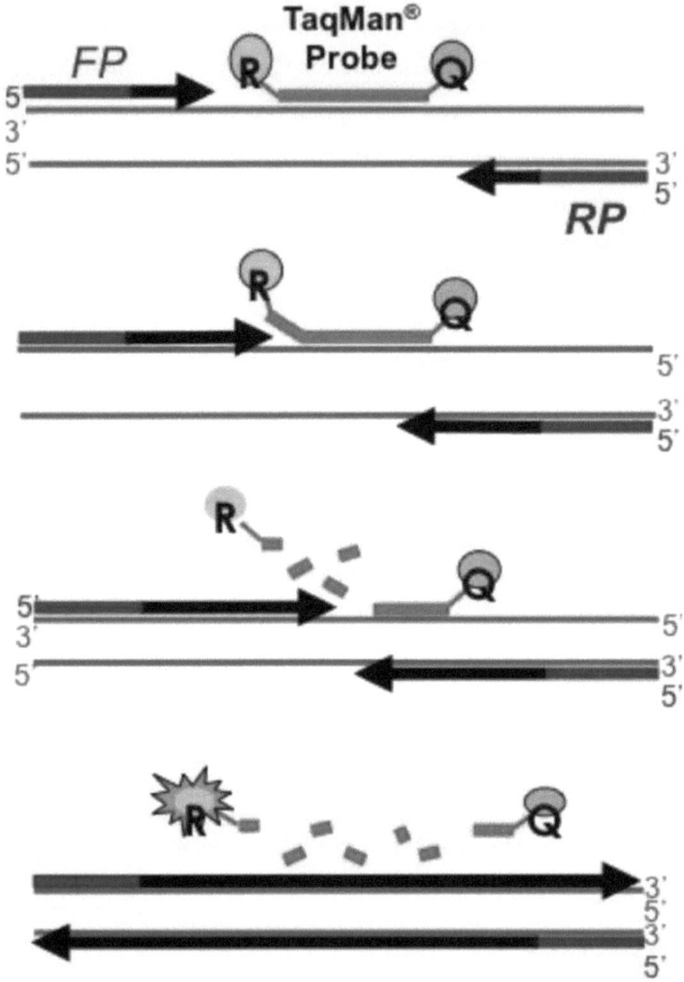

Figura. 2.6 Representação esquemática do processo de PCRRT. Fixação da sonda que contém a molécula repórter e a molécula supressora e separação das moléculas durante a extensão da cadeia (Levin, 2010)

2.7 PFGE

A maior parte das técnicas actuais no domínio da biologia molecular depende em grande medida da separação de materiais para estudos de isolamento e caraterização. Uma das técnicas mais utilizadas é a eletroforese em gel, que é aplicada no estudo de proteínas e ácidos nucleicos (Kubota, 2005). Nos anos mais recentes, a utilização de técnicas relacionadas com o ADN, como a eletroforese em gel de campo pulsado (PFGE), que é um método de impressão digital do genoma completo baseado no ADN, é considerada o "padrão de ouro" para a subtipagem de numerosos agentes patogénicos bacterianos (Sandt *et al.*, 2006). Devido ao maior poder discriminatório dos resultados da PFGE, esta é considerada uma plataforma de rastreio baseada em provas genéticas muito fortes. A PFGE utiliza os padrões de impressão digital do ADN do genoma completo para rastrear as infecções de origem alimentar que ocorrem em todo o mundo, utilizando métodos de genotipagem normalizados e partilhando informações em tempo real através de canais bioinformáticos específicos (Hunter *et al.*, 2005; Lanconcha *et al.*, 2000).

Existem vários tipos diferentes de processos de PFGE, dependendo dos vários instrumentos utilizados para diversos fins. Entre estes, o instrumento de campo elétrico homogéneo com pinças de contorno (CHEF) é o mais utilizado para a análise de géis de PFGE (Figura 2.8). O instrumento CHEF está equipado com 24 pontos para eléctrodos dispostos de forma hexagonal. A corrente é passada através do gel durante 19-22 horas, dependendo do laboratório e de outras condições, como o tamanho do genoma, a força do gel e a resolução da imagem final. A figura 2.7 representa uma configuração esquemática do CHEF-PFGE e o fluxo de corrente. A corrente flui em 3 direcções em intervalos de tempo definidos. Quando as direcções do campo elétrico são alteradas, há um relaxamento na estrutura da molécula de ADN e forma-se mais do que uma alteração estrutural sem que haja uma rutura permanente com fragmentos (Levin, 2010). Quando o campo é alterado para cada ângulo de 120 graus, ocorre o relaxamento e a reforma das moléculas de ADN, que se movem para baixo no gel de acordo com o seu peso molecular. Durante o processo de PFGE, os fragmentos de ADN movem-se em direção ao ânodo de forma diretamente proporcional à carga líquida do fragmento de ADN e indiretamente proporcional ao peso ou tamanho do fragmento. Normalmente, para as impressões digitais de ADN de Salmonella spp., é utilizada agarose a 1%. Dependendo da concentração da matriz do gel, a resolução do gel final aumenta ou diminui (Barrett, 2006).

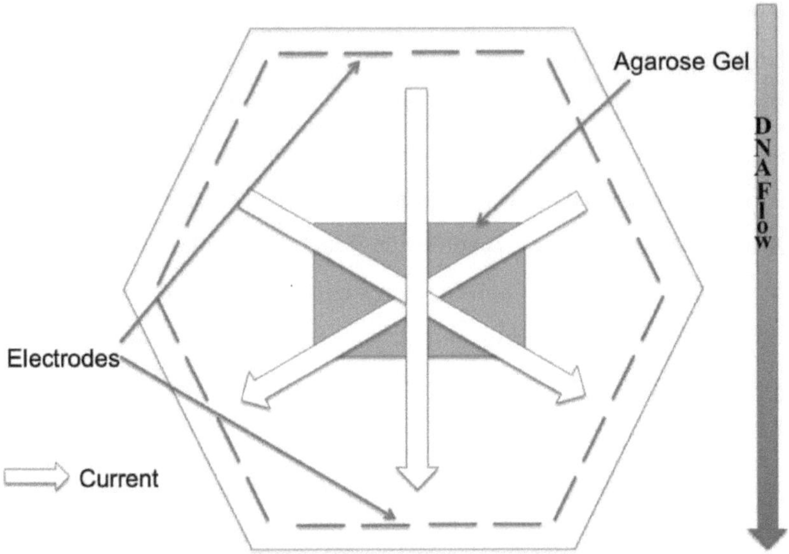

Figura 2.7 Representação esquemática da configuração PFGE (CHEF)

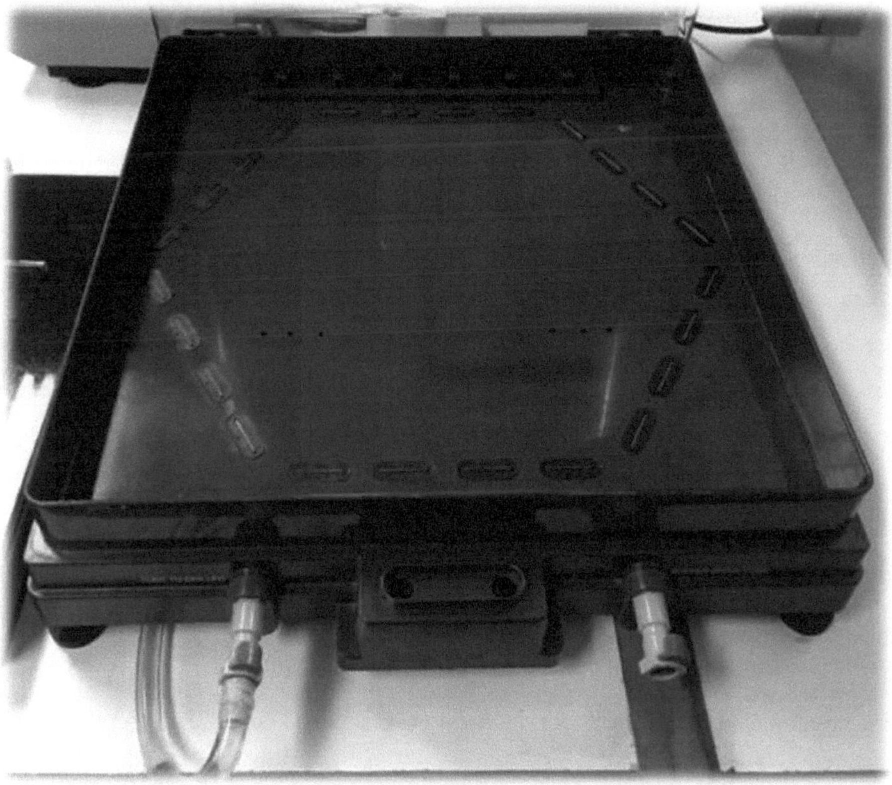

Figura 2.8 Câmara de passagem do gel PFGE - instrumento CHEF DR III

Atualmente, há uma série de estudos realizados sobre *Salmonella enterica* serovars Enteritidis utilizando PFGE (Pang *et al.*, 2007; Xia *et al.*, 2009; Dionisi, 2006). Num estudo, Pang e os seus colegas caracterizaram 107 isolados de *Salmonella* Enteritidis de amostras de alimentos e aves de capoeira e compararam o padrão com 124 isolados clínicos de amostras humanas obtidas em Taiwan. Foram gerados 3 perfis de enzimas de restrição utilizando *Xbal, Spel* e *Notl* e foi identificado um total de 19, 20 e 19 padrões de gel PFGE, respetivamente, a partir da fonte. De todos os isolados, 3 isolados partilham o mesmo padrão. Em comparação com outros métodos de subtipagem, o PFGE produziu resultados com uma discriminação ligeiramente superior para a *Salmonella* spp. (Pang *et al.*, 2007). Outro estudo efectuado por Dionisi e os seus colegas comparou 38 isolados de *Salmonella* enterica subsp. *Enterica* Abortusovis (SAO) utilizando PFGE. Duas enzimas de restrição *Xbal* e *BlnI* foram utilizadas como enzimas de restrição no estudo. A digestão enzimática produziu 18 e 29 padrões de PFGE diferentes, respetivamente, e o resultado forneceu conclusões úteis no que diz respeito aos estudos epidemiológicos (Dionisi *et al.,* 2005).

Outro estudo efectuado por Tsen e seus colegas em Taiwan, comparando 87 *salmonella enterica* serovars Typhimurium isoladas de amostras clínicas humanas, suínos e outros animais utilizando PFGE com perfil de enzimas de restrição XbaI e SpeI, 14 padrões de origem humana e 13 isolados de origem animal produziram padrões de bandas idênticos. Também partilharam perfis semelhantes de resistência a antibióticos (Tsen *et al.,* 2002). A técnica de PFGE demonstrou um poder de discriminação muito superior ao de outros métodos moleculares, como o Polimorfismo de Comprimento de Fragmento Amplificado por Enzima Única (SE-AFLP) (Mammina, 2005). No seu estudo que comparou 49 isolados entre produtos humanos e de aves de capoeira, os agrupamentos produzidos por ambos os métodos eram de igual qualidade. No entanto, o AFLP é menos intensivo em termos de mão de obra e requer instrumentos sofisticados em comparação com o PFGE (Mammina, 2005).

Uma combinação das técnicas RT-PCR e PFGE sugerirá certamente a correlação de diferentes isolados recuperados de vários tipos de amostras e fornecerá orientações importantes e resultados de investigação valiosos no programa de investigação de doenças em seres humanos. Será útil para formular estratégias de controlo para a prevenção e o controlo de infecções por *Salmonella* (Ungvari, 2007; Goh, 2003; Dionisi, 2006). Em alternativa ao método PFGE que utiliza enzimas de restrição e obtém padrões de impressões digitais de ADN, foi efectuado um estudo de tipagem de fagos por Sabiha S. T. e Nilekar S. L, em Maharashtra. Este estudo revela os tipos de fagos e biótipos predominantes dos serótipos *de Salmonella* isolados e o seu padrão de sensibilidade aos antibióticos (Sabiha, 2012).

Dado que existe muito pouca informação disponível sobre os padrões de impressões digitais de ADN de *Salmonella* spp. em Maharashtra, ou mesmo a nível nacional, esta investigação foi iniciada e os resultados poderão ser úteis para estudar os padrões de distribuição de vários agentes patogénicos alimentares no ambiente, nos alimentos e nos seres humanos.

2.8 Enzimas de restrição

As enzimas de restrição (ER) foram identificadas pela primeira vez por um microbiologista suíço, Werner Arber, em 1978, que ganhou o Prémio Nobel. Descobriu a atividade das ER enquanto estudava o fenómeno chamado restrição controlada pelo hospedeiro dos bacteriófagos (Pray, 2008). As ER também são chamadas de tesouras biológicas usadas para cortar fitas de DNA em locais específicos. Até à data, existem cerca de 1.900 ER identificadas e utilizadas em estudos de ADN recombinante (Levin, 2010). *XbaI, EcoR* I, *Hind* III, *BlnI, SmaI* são algumas das ER amplamente utilizadas. Estas enzimas são classificadas como endonuclease, que são produzidas por bactérias. As ER reconhecem normalmente sítios com sequências de 4 a 8 pb na cadeia de ADN, na direção 5' a 3', e cortam ambas as cadeias de ADN. Cada bactéria produz uma enzima de contra-modificação que protege o seu próprio ADN de ser clivado pela ER. Normalmente, a enzima de modificação adiciona um grupo metilo ao ADN num local de restrição específico. Assim, a ER é incapaz de cortar a cadeia de ADN (Lodish *et al.,* 2013). As três primeiras letras dos nomes das ER correspondem à espécie bacteriana de onde as enzimas são purificadas e a quarta letra corresponde à estirpe bacteriana (Pray, 2008). Logo após a descoberta das enzimas de restrição, houve cerca de 800 novas ER isoladas e purificadas nos últimos anos.

XbaI é um dos RE mais utilizados em estudos de PFGE. Para este estudo, os isolados de ADN *de Salmonella* spp. foram clivados com XbaI RE. A figura 2.9 mostra a sequência de nucleótidos do local de restrição XbaI no ADN. Os cortes XbaI produzem fragmentos com extremidades pegajosas. Normalmente, a ER é selecionada para PFGE, com base na variedade do sítio de reconhecimento no genoma alvo. Até à data, existem muitas enzimas de restrição que são úteis no processo de PFGE (Struelens *et al.,* 2001; Tenover e Arbeit, 1995; Barrett, 2006).

Figura 2.9 Sítio de restrição XbaI (Levin, 2010)

Dependendo da forma como efectuam os cortes no ADN, as ER são classificadas em 3 tipos - ER de tipo I, II e III. Na categoria de ER de tipo I, reconhecem um local específico na cadeia de ADN e efectuam o corte aleatoriamente até 1000 pb do local de reconhecimento. Nos tipos de tipo II, as ER efectuam o corte dentro do local de reconhecimento e no tipo III efectuam o corte aleatoriamente como no tipo 1, mas muito próximo do local de reconhecimento, que se situa normalmente dentro de 25 pb (Pray, 2008).

Os padrões de bandas de ADN produzidos pela ER em géis PFGE são identificados e a relação é interpretada de acordo com os critérios estabelecidos por Tenover e Arbeit. (1995). Este método foi originalmente concebido para analisar um número muito reduzido de casos de surtos. Nos últimos anos, estes métodos têm sido utilizados para identificar a relação entre a origem de um grande número de isolados de alimentos e ambientes.

Capítulo 3: Materiais e métodos

3.1 Material necessário

3.1.1 Produtos químicos e reagentes

- BPW
- mKTTn
- Caldo de caravana
- XLD
- NA
- Tampão de lise Qiagen (fornecido no kit)
- Kit de deteção MicroSEQ *Salmonella* spp., Applied Biosystem
- Água sem Nuclease (NFW)
- ADN - *Salmonella braenderup* (H9812)
- N-Lauroilsarcosina sal de sódio (99,0%) Grau de biologia molecular, Oxoid
- Base Trizma, ≥ 99,9%, Oxoid.
- Ácido etilenodiaminotetracético (EDTA), anidro, ≥ 99%, Oxoid
- 10 X Tampão Tris/ácido bórico/EDTA (TBE), BIO_RAD
- Cloreto de sódio, Pellets, Oxoid
- Água pura ultrapura estéril
- Proteinase K (20 mg/ml)
- SeaKem Gold Agarose, para PEGE, Lonza
- *XbaI* (20.000 U/ml), New England BioLabs
- 10 X tampão de restrição, New England BioLabs
- *Salmonella braenderup* (H9812)

- Brometo de etídio

3.1.2Equipamentos e consumíveis

Equipamentos

- RT PCR, StepOnePlus, Applied Biosystems
- PFGE CHEF DR III, BIO-RAD
- GelDoc XR, BIO-RAD
- PC com matemática aplicada, software Bionumerics versão 7.2
- Agitação Banho-maria (37^0 C)
- Micropipeta (variável 10-1000 ml)
- Colorímetro BioMerieux Vitek
- Balança de pesagem
- Autoclave
- Centrífuga
- Vortexer
- Micro-ondas

Consumíveis

- Sacos de recolha de amostras esterilizados
- Porta-amostras
- Incubadora (37^0 C)
- Petridis
- Laço esterilizado
- Cotonete esterilizado
- Tubos de microcentrifugação (1,5-2,0 ml)
- Pontas de micropipetas

- Suportes para tubos de microcentrifugação
- Conjunto de montagem de gel PFGE
- Frasco cónico de 100 ml
- Moldes para tampões PFGE
- Tubos Falcon de 50 ml
- Molde de tampão PFGE, BIO-RAD
- Filtro para tampa de tubo Falcon, BIO-RAD
- Fórceps
- Tabuleiro de coloração

3.2 Recolha de amostras

Foram selecionadas seis localidades diferentes em torno de Nanded para a recolha de amostras. Os locais foram escolhidos de acordo com a localização geográfica, a população e a disponibilidade das amostras. Estas seis localidades estavam distribuídas pelo distrito de Nanded. Duas localidades, Mujampeth e Wagahala, situavam-se na margem sul do rio Godavari e as outras quatro localidades, escolhidas na margem norte do rio, eram Harsh nagar, Waman nagar, Vishnu nagar e Khandapura.

3.2.1Produtos avícolas

Para obter um número substancial e significativo de amostras positivas *de salmonelas*, foram selecionados para a investigação 250 produtos de aves de capoeira. Todos os produtos de aves de capoeira foram obtidos em seis localidades de Nanded. Foram recolhidas 40 amostras de Harsh nagar, Mujampeth, Khandapura e Wagahala e 45 amostras de aves de capoeira de Vishnu nagar e Waman nagar. Para a recolha das amostras, foram colhidas 10-25 g de amostras de frango em vários pontos de venda de aves de capoeira no mercado. Teve-se o cuidado de incluir o máximo de partes de pele na amostra recolhida, a fim de maximizar a probabilidade de uma amostra positiva para *salmonelas*. De cada vez, foram colhidas, no máximo, 10-15 amostras de um local. As amostras colhidas foram então transferidas para um saco esterilizado com o nome do local e o número da amostra e seguiram para enriquecimento, deteção e cultura.

3.2.2Produtos ambientais

Para a análise dos produtos ambientais, foram recolhidas amostras de solo e de águas residuais nas 6 localidades designadas. Foram recolhidas 10 amostras de solo de Khandapura e 30 amostras de solo de todas as outras localidades. Relativamente às amostras de esgotos, foram recolhidas 30 amostras de cada uma das 6 localidades. Um total de 160 amostras de solo e 180 amostras de águas residuais foram analisadas para detetar a presença de salmonelas. Foram recolhidos 25 g de águas residuais e de solo num saco esterilizado e prosseguiu-se com a investigação.

3.2.3Produtos clínicos

Foi recolhido um total de 80 espécimes clínicos para despistagem de amostras positivas *de Salmonella* spp. Os espécimes clínicos foram obtidos em clínicas nos arredores de Nanded. Só foram incluídos no estudo os espécimes clínicos que pertenciam às 6 localidades específicas. Foram selecionadas 15 amostras de Harsh nagar, Khandapura, Vishnu nagar e Waman Nagar. Foram também incluídos 10 de Mujampeth e Wagahala.

3.3 Isolamento *de salmonelas*

Foi utilizado para o isolamento um protocolo normalizado para o protocolo de isolamento de *salmonelas* (baseado na norma ISO-6579: 2002, Microbiology of food and animal feeding stuffs - Horizontal method for the detection of *Salmonella* spp. (Hendriksen, 2003) do programa de vigilância da Organização Mundial de Saúde (OMS). Foram misturados 25 gramas da amostra com Buffered Peptone Water (BPW, Oxoid) como enriquecimento primário a 35 ± 2^0 C durante 16-18 horas. Foi efectuado um enriquecimento secundário transferindo 0,1 ml e 1 ml do caldo BPW enriquecido para 9,9 ml de Caldo Rappaport Vasilidias (RVS, Oxoid) e 10 ml de Novobiocina Tetrationato de Muller-Kauffmann (MKTTn, Oxoid), respetivamente. Os caldos foram então incubados a 35 ± 2^0 C durante 16-18 horas e depois semeados em ágar xilose-lisina-desoxicolato (XLD, Oxoid) e incubados a 35 ± 2^0 C durante o mesmo período que anteriormente. As placas de XLD foram então examinadas para deteção de caraterísticas morfológicas típicas de *Salmonella* spp. e novamente semeadas em placas de XLD para purificar as colónias, se necessário. Uma única colónia típica *de salmonela* isolada foi então semeada em ágar nutriente (NA, Oxoid) e incubada a 35 ± 2^0 C durante a noite e identificada através de PCR RT.

3.4 RT PCR - Extração e identificação de ADN

3.4.1Extração de ADN

A extração de ADN *de Salmonella* foi realizada com Qiagen Bacteria Plus, Alemanha, utilizando o protocolo de extração padrão. Foram pipetados 400 µl de solução de lise Qiagen para o tubo de lise Qiagen utilizando uma micropipeta. Utilizando uma ansa estéril, algumas colónias (2 a 4) da placa NA do passo 3.3 foram transferidas assepticamente para o tubo de lise Qiagen. Os tubos de lise foram então agitados em vórtice a 2500 rpm durante 10 minutos e depois centrifugados durante 5 minutos a 14.000 rpm. O pellet do passo de centrifugação elimina todos os materiais celulares e outras partículas da amostra. 30 µl do sobrenadante foram utilizados como amostra de ADN na configuração da reação RT PCR na etapa seguinte.

3.4.2Identificação por RT PCR

Para a confirmação do ADN bacteriano extraído na etapa 3.4.1, foram utilizados kits de deteção MicroSEQ *Salmonella* spp. disponíveis no mercado, da Life Tech, Applied Biosystem. Os kits foram mantidos à temperatura ambiente durante 20-30 minutos antes da preparação da reação. Tubos de PCR RT 30 µl de amostra de teste de ADN da etapa anterior foram pipetados com uma micropipeta e transferidos para os tubos de PCR. A solução da amostra foi cuidadosamente misturada com a pérola liofilizada no interior do tubo. Foi tomado o máximo cuidado para evitar a formação de bolhas de ar no interior do tubo. Para cada execução da RT PCR, foram incluídos um controlo positivo de ADN (PC), um controlo negativo (NC) e um controlo negativo de extração (NEC). Uma vez preparada a mistura de reação da RT PCR, todos os tubos foram cuidadosamente fechados, verificados e colocados na máquina de RT PCR. Todos os isolados positivos após a RT PCR foram armazenados para conservação a longo prazo em frascos criogénicos e foram utilizados para a análise PFGE para estudar a diversidade genética.

3.5 PFGE

3.5.1Preparação de tampões de ADN

O protocolo "Standard Operating Procedure for PulseNet PFGE of Escherichia coli 0157:H7, Escherichia coli non-0157 (STEC), Salmonella serotypes, Shigella sonnei and Shigella flexneri" (atualizado em abril de 2013) do CDC foi utilizado para subtipagem de salmonella spp isoladas de aves de capoeira, ambiente e amostras clínicas.

Foi incluída no estudo uma estirpe de referência padrão, *Salmonella enterica* serotipo Braenderup H9812 (ATCC# BAA-644). As culturas de *salmonelas* previamente armazenadas foram reanimadas colocando os grânulos de cry numa placa NA e incubando a 35 ± 2^0 C. Utilizando uma micropipeta, pipetaram-se 2-3 ml de tampão de suspensão celular (Apêndice 7.2.1) para um tubo falcon limpo de 12 x 75 mm. Humedeceu-se ligeiramente uma zaragatoa de algodão estéril e transferiu-se cuidadosamente para o tubo 6-8 colónias de bactérias isoladas da placa NA. A turvação da solução foi medida utilizando um colorímetro BioMerieux Vitek e a turvação final foi ajustada para 17 -18% de transmitância. A concentração foi ajustada utilizando mais CSB ou colónia bacteriana no tubo. Quando a turvação foi mantida ao nível requerido, 400 µl da solução de CSB foram transferidos para um tubo de microcentrífuga estéril. Ao tubo de ensaio da solução de CB, foram adicionados 20 pl de proteinase K e misturados muito suavemente com uma micropipeta. Os tubos foram mantidos à temperatura ambiente durante 15 minutos. Os moldes de tampão PFGE limpos foram dispostos numa superfície plana, em cima de um papel. Os bordos dos moldes foram marcados de acordo com o número da cultura. Se os moldes de tampão fossem reutilizados, eram devidamente lavados com água e secos. Antes de prosseguir, foi colada uma fita adesiva no lado inferior dos moldes.

O gel de agarose a 1% foi preparado pesando 1 g de agarose SeaKem gold num erlenmeyer estéril e adicionando 100 ml de tampão TE (apêndice 7.2.3). O frasco foi então aquecido no micro-ondas durante 2-3 minutos e, depois de se obter uma solução tampão de agarose límpida, o frasco foi mantido num banho de água a 54-55^0 C. O frasco foi mantido durante 5-10 minutos para baixar a temperatura para 55^0 C. Utilizando uma micropipeta de 1 ml, transferiu-se cerca de 400 μl da solução de agarose fundida para um tubo de microcentrifugação contendo 400 μl da solução de CSB. As soluções foram cuidadosamente misturadas para evitar quaisquer bolhas de ar e foram imediatamente transferidas para os moldes de tampão PFGE para assentarem. Os moldes dos tampões foram deixados à temperatura ambiente para solidificar completamente. Para cada estirpe, foram feitos 3 a 4 tampões para lise.

3.5.2Lise celular e lavagem de tampões

Depois de o gel estar completamente fixado no molde de tampão PFGE, qualquer excesso de gel no topo do molde de tampão foi cuidadosamente removido com uma lâmina limpa e afiada. Preparou-se o tampão de lise celular (CLB) (apêndice 7.2.2) e transferiu-se 5 ml de CLB para um tubo falcon estéril de 50 ml. Os tubos foram numerados de acordo com o número da cultura. Em cada tubo, misturaram-se cuidadosamente 25 μl de ProtinaseK com a solução de CLB. Quando os tubos CLB estavam prontos, a fita adesiva dos moldes dos tampões foi cuidadosamente removida sem perturbar os tampões no interior e os tampões de agarose foram cuidadosamente empurrados para os tubos CLB com um bisturi. Todos os tampões devem ser imersos na solução de CLB. Depois disso, os tubos foram incubados para lise em banho-maria a 54 - 55^0 C com agitação vigorosa. Os tubos foram lisados durante 2 horas. Após a lise, a solução de CLB foi drenada do tubo utilizando o coador de tampas. Os tampões foram então lavados com 15 - 20 ml de água esterilizada previamente aquecida durante 3 a 4 vezes. A lavagem continuou com 15 - 20 ml de água durante 2 vezes, com 15 minutos de incubação na água, entre cada lavagem. Após a lavagem com água, os tampões foram lavados com tampão TE pré-aquecido durante 4 vezes, com 15 minutos de incubação em banho-maria a 54 - 55^0 C, com agitação vigorosa.

3.5.3Digestão de restrição do ADN

Após lavagem com TE, os tampões foram vertidos numa placa de Petri limpa. Os tampões sem bolhas de ar ou deformação foram selecionados para a digestão de restrição. Os restantes tampões foram transferidos de novo para o tubo falcon e armazenados para futura reutilização, se necessário. Utilizando uma pinça estéril limpa, o tampão foi cuidadosamente cortado ao meio. Para cada tampão de agarose, foram preparados 200 pl de tampão de pré-restrição (apêndice 7.2.5) e guardados em tubos de microcentrifugação. Os meios tampões foram cuidadosamente transferidos para o tubo de microcentrífuga com uma pinça, sem danificar os bordos dos tampões. Os tubos foram deixados à temperatura ambiente durante 15 minutos. Num outro conjunto de tubos de microcentrifugação, prepararam-se 200 pl de cada mistura de enzimas de digestão (apêndice 7.2.6). Com a pinça, transferiu-se o tampão de agarose para o tubo de restrição enzimática e mergulhou-se cuidadosamente na solução. Os tubos foram colocados num flutuador e depois incubados num banho de água a 37^0 C durante 2-2,5 horas.

3.5.4Fundição em gel e execução

Foi preparado um total de 2,5 L de tampão TBE a 0,5% (Apêndice 7.2.4) e refrigerado. A unidade de montagem do gel foi limpa e montada em conjunto para a colocação de pentes de 10 ou 15 poços, de acordo com o número de culturas utilizadas para o PFGE. Para preparar o gel de PFGE (1%), pesou-se 1 g de agarose SeaKem gold num frasco cónico com 100 ml de tampão TBE a 0,5%. A solução foi depois aquecida no micro-ondas como anteriormente. A mistura de agarose foi constantemente agitada a cada 20-30 segundos, de modo a misturar bem o tampão TBE e a agarose. Depois de o gel ter derretido corretamente, o frasco foi mantido a 54^0 C num banho de água. Em seguida, os tampões dos tubos de digestão de restrição foram retirados e lavados com 200 µl de tampão TBE a 0,5% para remover qualquer excesso de enzimas e proteinase K que possa estar presente na solução. Os tampões foram mantidos à temperatura ambiente durante 5 minutos. Em seguida, as fatias de tampão foram cuidadosamente transferidas para o comp. com uma pinça e deixadas a secar durante 20 minutos. O excesso de tampão foi removido com um papel de filtro limpo. O comp. foi colocado verticalmente sobre o conjunto de gel, com os tampões virados para baixo. O gel de 100 ml preparado foi retirado do banho-maria e cuidadosamente vertido para a unidade de montagem do gel sem perturbar os tampões. O tampão TBE preparado no frigorífico foi vertido para a câmara de corrida PFGE e a estrutura de corrida do gel foi colocada na câmara. A unidade foi deixada em repouso durante 25 minutos para solidificar o gel. Depois de o gel estar solidificado, a unidade de montagem foi desapertada de ambas as extremidades e o gel com o tabuleiro preto foi cuidadosamente empurrado para a estrutura de gel na câmara de corrida CHEF DR III. A estrutura foi empurrada suavemente para dentro da moldura para assentar firmemente no interior do instrumento e foi ligada após verificação das definições. Foram utilizadas as seguintes definições para os tampões de corrida

- Tempo de comutação inicial - 2,2 segundos
- Tempo final de troca de 63,8 segundos
- Tensão - 6 V
- Ângulo - 120^0
- Tempo de funcionamento - 20 horas
- Temperatura do tampão - 14 C^0

3.5.5Análise de gel

Após a corrida de PFGE, o gel foi cuidadosamente retirado da estrutura de corrida e quaisquer pedaços de gel pendentes para os bordos foram removidos com uma espátula ou pinça limpa. Prepararam-se 600 e 400 ml de solução de coloração de brometo de etídio adicionando 40 µl e 60 µl de solução de brometo de etídio a partir de um stock de 10 mg/ml, BIO-RAD. Para o gel de 15 poços foram utilizados 600 ml e para o gel de 10 poços 400 ml de solução de coloração, respetivamente. A coloração foi efectuada durante 20 minutos, seguida da descoloração do gel com 600 ml de água ultra pura durante 45 minutos. A água foi mudada de 20 em 20 minutos. A imagem do gel foi obtida com o Gel Doc XR, BIORAD, sob luz UV. Para a análise do gel, foi utilizado o software Bionumerics, Applied Math Software (ver. 7.2) com as predefinições e as definições UPGMA. O coeficiente de dados foi mantido com uma tolerância de 1,5% e uma otimização de 1,5%). Como referência, foi utilizado o padrão de bandas padrão de *Salmonella braenderup* H9818 (Hunter *et al.,* 2005) para comparação de gel e dendrograma.

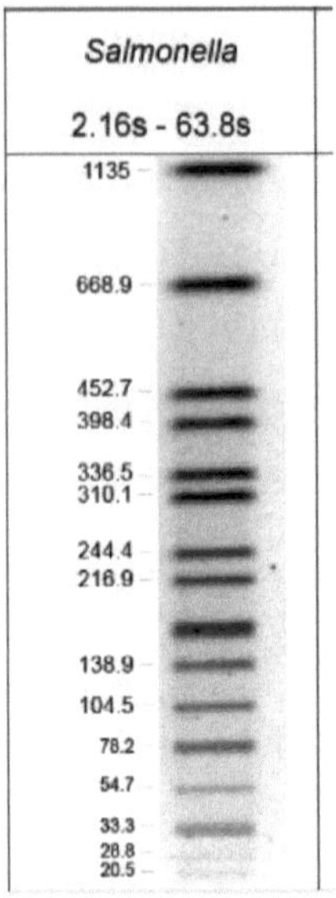

Figura 3.1: Padrão de bandas de *Salmonella braenderup* H9818 digeridas com a enzima *XbaI* em condições normais de funcionamento do PulseNet (Hunter *et al.*, 2005).

Capítulo 4: Resultados e discussão

4.1 Resultados da RT PCR

4.1.1Produtos alimentares

Entre as 250 amostras analisadas para deteção de *salmonelas* em produtos à base de aves de capoeira, 48 apresentaram resultados positivos. 202 amostras apresentaram resultados negativos para a deteção de *salmonelas* spp. O quadro 4.1 apresenta os resultados obtidos por RT PCR para os produtos à base de aves de capoeira. O maior número de amostras positivas *de Salmonella* spp. provém de Vishnu Nagar. Das 45 amostras colhidas em Vishnu nagar e Waman nagar, 16 e 9 amostras apresentaram resultados positivos, respetivamente. Dos restantes quatro locais, foram colhidas 40 amostras cada, das quais Khandapura e Wagahala registaram 6 resultados positivos cada, enquanto Harsh Nagar registou 8 isolados positivos. O menor número de amostras positivas foi obtido em Mujampeth, com 3 isolados.

Tabela 4.1: Resultados da RT PCR das amostras de aves de capoeira.

Número de série	Local	Número de amostras	Resultado da RT PCR	
			Positivo	Negativo
1	Harsh Nagar	40	8	32
2	Mujampeth	40	3	37
3	Khandapura	40	6	34
4	Vishnu Nagar	45	16	29
5	Waman Nagar	45	9	36
6	Wagahala	40	6	34
Total		**250**	**48**	**202**

4.1.2Produtos ambientais

De um total de 340 amostras analisadas para deteção de *salmonela* spp. a partir de amostras ambientais, recolhidas nos 6 locais de Nanded, 44 apresentaram resultados positivos. Das amostras de águas residuais, 31 amostras foram positivas, enquanto as amostras de solo apresentaram apenas 13 resultados positivos. O quadro 4.2 apresenta os resultados consolidados dos ensaios de RT PCR para as amostras ambientais.

Tabela 4.2: Resultados da RT PCR das amostras de solo e de águas residuais.

Número de série	Local	Número de amostras		Resultado positivo da RT PCR	
		Solo	Esgotos	Solo	Esgotos
1	Harsh Nagar	30	30	2	5
2	Mujampeth	30	30	2	4
3	Khandapura	10	30	0	4
4	Vishnu Nagar	30	30	6	9
5	Waman Nagar	30	30	1	5
6	Wagahala	30	30	2	4
Total		**160**	**180**	**13**	**31**

Exceptuando as amostras de solo colhidas em Khandapura, todas as outras tiveram pelo menos um resultado positivo para *Salmonella* spp. Entre as amostras de solo colhidas, o maior número de amostras positivas foi obtido em Vishnu nagar, ou seja, 6 amostras em 30 amostras de solo. Do mesmo modo, no que diz respeito às amostras de águas residuais, 9 das 30 amostras recolhidas foram positivas para *Salmonella* spp. Todos os outros 4 locais, exceto Waman nagar, tiveram 2 amostras positivas em 30, e Waman nagar teve apenas 1 resultado positivo entre as amostras de solo. Relativamente às amostras de águas residuais recolhidas nos 6 locais, Mujampeth, Khandapura e Wagahala registaram 4 amostras positivas de salmonella spp. cada. Waman nagar e Harsh nagar registaram 5 amostras cada um.

4.1.3Produtos clínicos

Nas 80 amostras clínicas colhidas em 6 localidades, 27 deram positivo para *salmonella* spp. O quadro 4.3 resume os resultados da RT PCR obtidos para as amostras clínicas. O maior número de amostras positivas foi obtido em Vishnu Nagar, num total de 9 em 15 amostras. O resultado menos positivo veio de Mujampeth, com 1 positivo das 10 amostras colhidas. De cada uma das 15 amostras colhidas nas localidades de Harsh Nagar, Khandapura e Waman Nagar, a RT PCR revelou 5 resultados positivos nas duas primeiras localidades mencionadas e 3 resultados positivos em Waman Nagar. Na região de Wagahala, 4 amostras foram positivas entre 10 amostras colhidas.

Tabela 4.3: Resultados da RT PCR das amostras clínicas.

Em série Não	Local	Número de amostras	Resultado da RT PCR	
			Positivo	Negativo
1	Harsh Nagar	15	5	10
2	Mujampeth	10	1	9
3	Khandapura	15	5	10
4	Vishnu Nagar	15	9	6
5	Waman Nagar	15	3	12
6	Wagahala	10	4	6
Total		**80**	**27**	**53**

4.2 Análise PFGE

4.2.1. Produtos alimentares

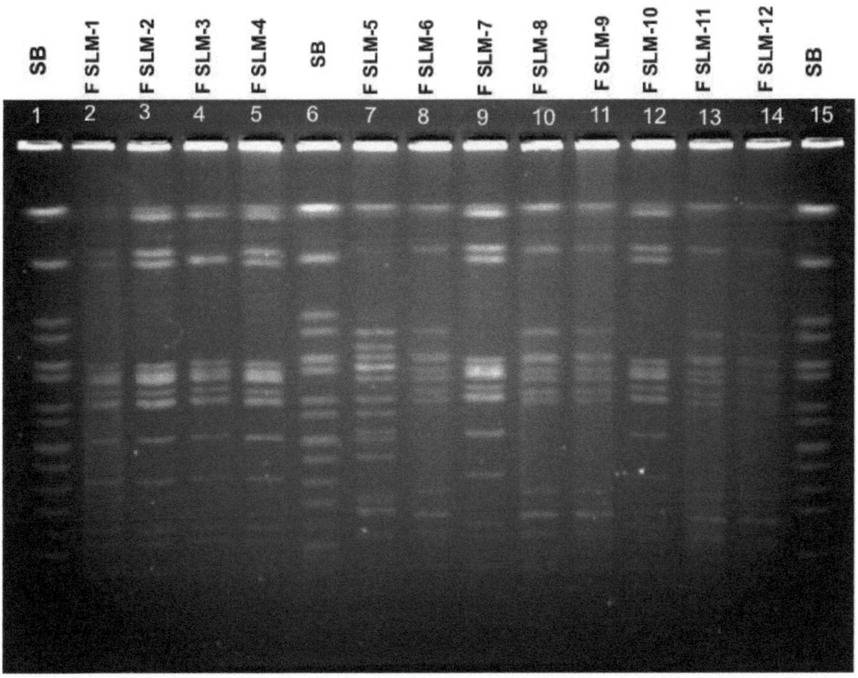

Figura 4.1: Gel de PFGE 1 para isolados *de Salmonella* spp. de produtos avícolas digeridos com *XbaI.* As linhas 1, 6 e 15 são corridas com o padrão de referência *Salmonella braenderup* (H9812). As linhas 2 a 5, 7 a 14 são perfis de PFGE para isolados de produtos avícolas.

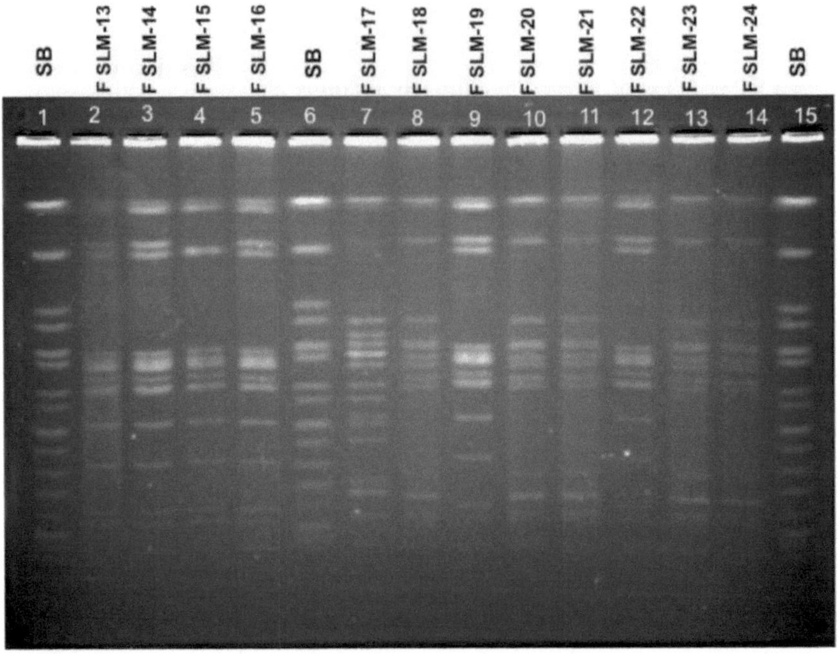

Figura 4.2: Gel de PFGE 2 para isolados *de Salmonella* spp. de produtos avícolas digeridos com *XbaI.* As linhas 1, 6 e 15 são corridas com o padrão de referência *Salmonella braenderup* (H9812). As linhas 2 a 5, 7 a 14 são perfis de PFGE para isolados de produtos avícolas.

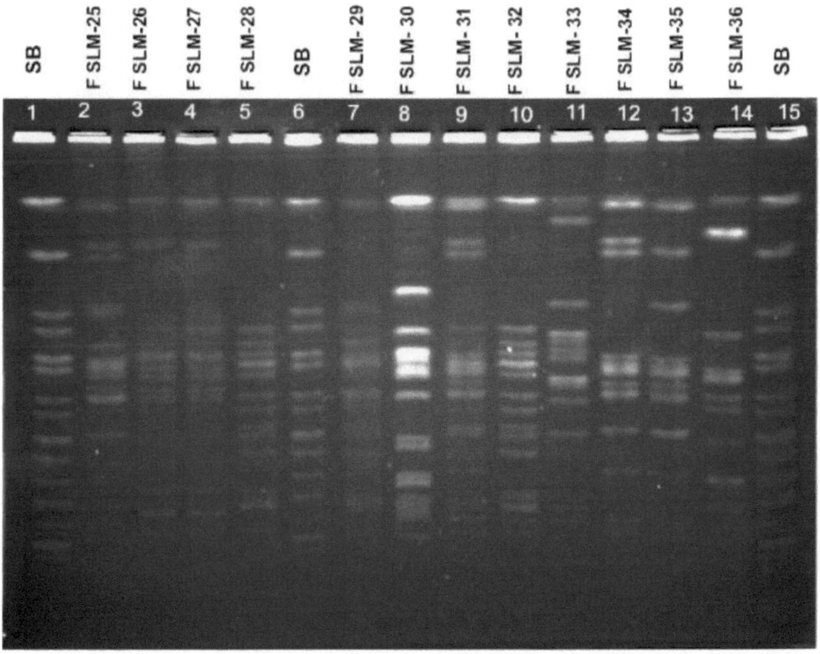

Figura 4.3: Gel de PFGE 3 para isolados *de Salmonella* spp. de produtos avícolas digeridos com *XbaI.* As linhas 1, 6 e 15 são corridas com o padrão de referência *Salmonella braenderup* (H9812). As linhas 2 a 5, 7 a 14 são perfis de PFGE para isolados de produtos avícolas.

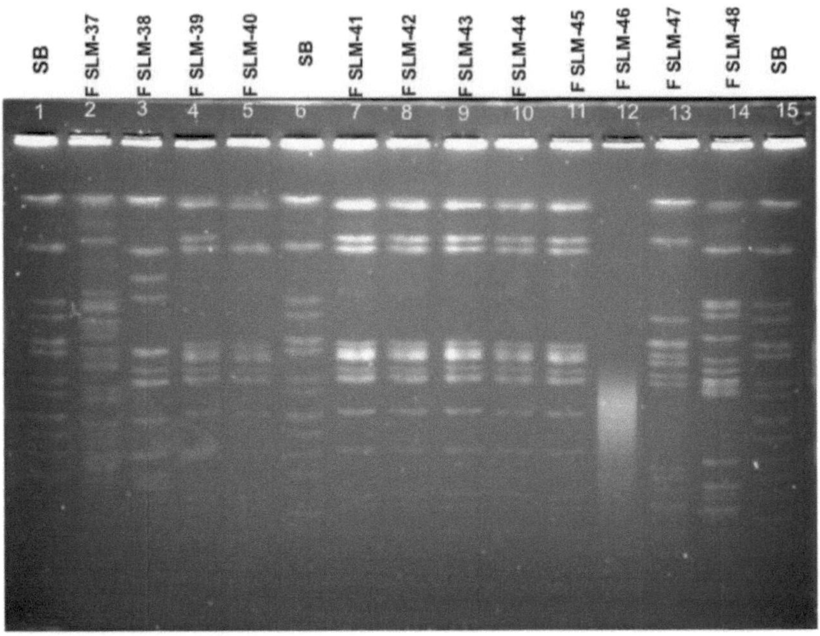

Figura 4.4: Gel de PFGE 4 para isolados *de Salmonella* spp. de produtos avícolas digeridos com *XbaI*. As linhas 1, 6 e 15 são corridas com o padrão de referência *Salmonella braenderup* (H9812). As linhas 2 a 5, 7 a 14 são perfis de PFGE para isolados de produtos avícolas.

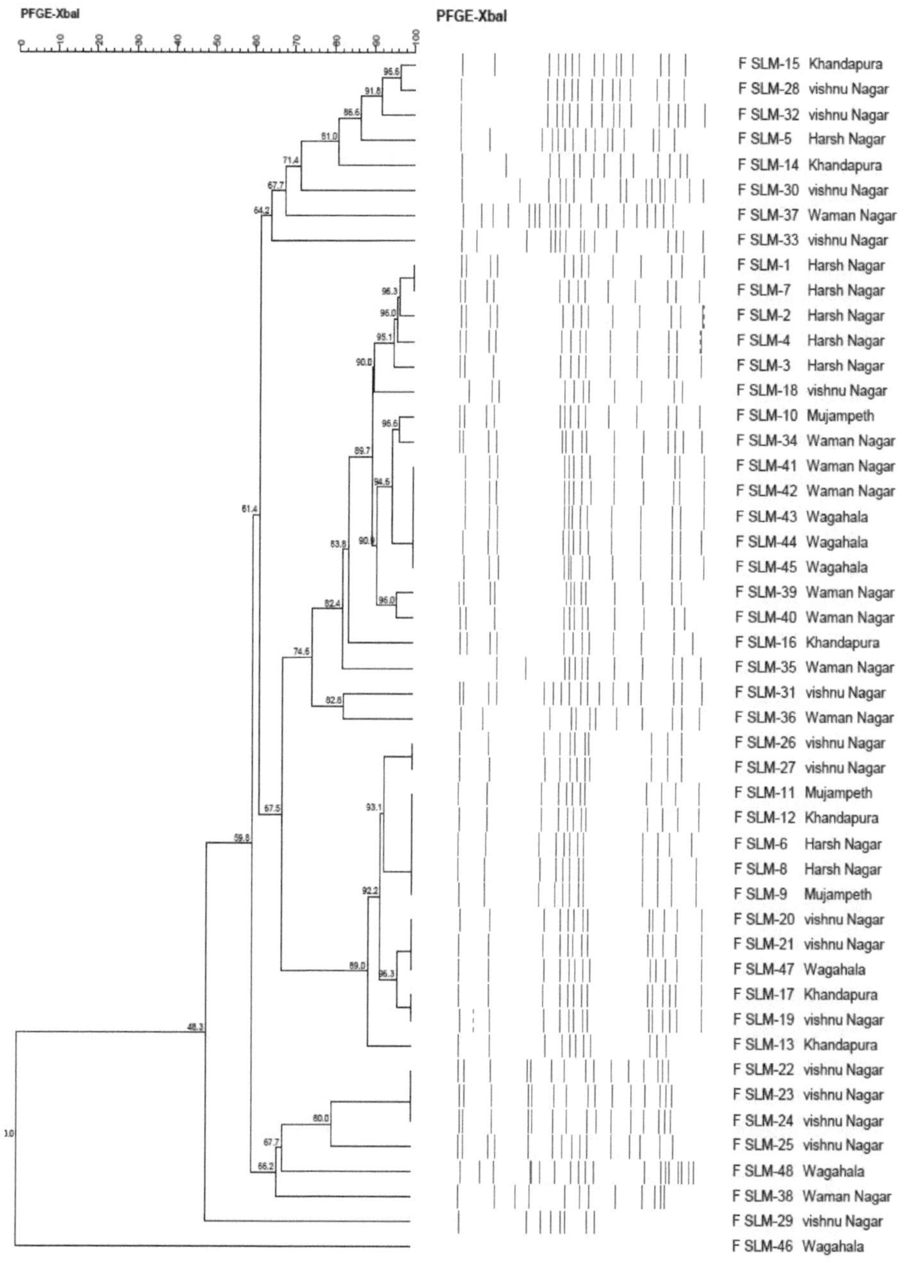

Figura 4.5: Imagem do dendrograma de 47 isolados *de Salmonella* spp. de produtos avícolas digeridos com *XbaI.*

Entre as 250 amostras analisadas para a deteção de *Salmonella* spp. com RT PCR

(Quadro 4.1), 48 amostras revelaram-se positivas. Esses isolados foram submetidos a PFGE para estudo de parentesco genético. O F SLM-46 (Figura 4.4) não produziu qualquer perfil de PFGE. A atividade é tipicamente observada nas corridas de PFGE como resultado da atividade da exonuclease. Durante o processo de atividade de exonuclease, a enzima degrada a cadeia completa de ADN no tubo de reação em fragmentos mais pequenos, pelo que todos os fragmentos passam através do gel durante o processo de PFGE (Lewin, 2004).

No dendrograma existem 3 grupos principais com 30 isolados no total. O grupo principal inclui 15 estirpes de isolados *de salmonelas*, nomeadamente F SLM-1, 2, 3, 4, 7, 10, 18, 34, 39, 40, 41, 42, 43, 44 e 45. Entre este grupo de isolados, os primeiros 5 foram isolados da localidade de Harsh nagar. F SLM-1 e 7 produziram um padrão de bandas 100% semelhante e partilham 96,3% de semelhança com F SLM-2 e 95,1% com F SLM-3 e 4 isolados. Os isolados F SLM-41, 42, 43, 44 e 45 apresentaram um padrão de bandas semelhante, com 100% de semelhança. Os isolados F SLM-43, 44 e 45 foram obtidos em Waghala e os isolados F SLM-34, 39, 40, 41 e 42 foram *salmonelas* spp. de produtos avícolas isoladas na zona de Waman nagar. Os outros dois isolados, F SLM-10 de Mujampeth e F SLM-18 da localidade de Vishnu nagar. Embora algumas estirpes, como F SLM-18 e 34, tenham apresentado uma semelhança de 96,4%, e outras estirpes, como F SLM-39, 3 e 40, uma semelhança de 93,7% com os outros 10 isolados do mesmo grupo, considera-se que têm uma origem genética semelhante. De acordo com as conclusões dos critérios de Tenover para a análise dos padrões de restrição do ADN do genoma completo, se existirem isolados no grupo com uma diferença nas posições de 2 a 3 bandas no gel, devem ainda ser considerados como pertencendo à mesma estrutura genética bacteriana (Barrett, 2006). Esta interpretação pode ser utilizada no caso de investigação de surtos alimentares, considerando que os dados epidemiológicos são favoráveis e correspondem a um resultado semelhante. A diferença no padrão de bandas com a presença ou ausência de bandas simples pode também dever-se ao fenómeno denominado polimorfismo de nucleótido único, em que um único nucleótido na sequência de ADN é inserido ou eliminado nos locais de reconhecimento da enzima devido a mutação, o que altera o quadro de leitura do ADN enquanto a enzima de restrição lê as cadeias de ADN (Tenover e Arbeit, 1995; Barrett, 2006).

O segundo maior agrupamento entre os 30 isolados foi com 12 *salmonelas* spp. que inclui F SLM-26, 27, 11, 12, 6, 8, 9, 20, 21, 47, 17 e 19. Neste grupo, os F SLM-11, 12, 6, 8 e 9 produziram um padrão de bandas indistinguível com uma estrutura genética 100% semelhante. Os F SLM-26 e 27 tinham a mesma origem genética e produziram padrões de bandas indistinguíveis. Os últimos cinco isolados, F SLM-20, 21 e 47, eram 100% semelhantes entre si e F SLM-17 e 19 também produziram um padrão de banda semelhante com 96,3% de semelhança com os três anteriores e 92,2% de semelhança com os 5 isolados anteriores. O terceiro grupo é constituído por 3 isolados, F SLM-22, 23 e 24. Todos os 3 isolados eram de Vishnu nagar e partilhavam um padrão de bandas 100% semelhante. Para além destes três grupos principais, existem algumas estirpes, como F SLM-15 e 28, que partilhavam uma semelhança de 96,8% no padrão de bandas, provenientes de amostras de Khandapura e Vishnu nagar. O resto dos 15 isolados, que incluem F SLM-32, 5, 14, 30, 37, 33, 16,35, 31, 36, 13, 25, 48, 38, 29, foram espalhados pelo dendrograma com menos de 90% de semelhança, com uma percentagem mínima de 59,8% (F SLM-29 de Vishnu nagar com o resto dos isolados) com os outros isolados do grupo.

Neste cenário, é evidente que os três grupos de isolados de *salmonella* spp. de diferentes localidades de Nanded eram da mesma origem e com uma estrutura genética semelhante. O quadro 4.4 resume o número de isolados obtidos em vários locais do distrito de Nanded, em Maharashtra.

Tabela 4.4: Distribuição por clusters de *salmonella* spp. para produtos de aves de capoeira.

Número de série	**Locais**	**Aglomerado**		
		1	**2**	**3**
1	Harsh Nagar	5	2	0
2	Mujamepth	1	2	0
3	Khadakpura	0	2	0
4	Vishnu Nagar	1	5	3

5	Waman Nagar	5	0	0
6	Waghala	3	1	0
Total		**15**	**12**	**3**

É muito evidente que *as salmonelas* spp. com a mesma origem genética estão disseminadas nestes seis locais. Estes padrões foram obtidos porque os produtos de aves de capoeira utilizados no distrito de Nanded provêm dos mesmos fornecedores ou de explorações agrícolas próximas. As condições anti-higiénicas nos matadouros, onde os frangos eram cortados ou limpos com as mesmas facas e tábuas de corte, também podem ser a razão para a transferência da bactéria da salmonela de um frango para outro. É necessário aplicar um método adequado de limpeza e higienização para controlar a propagação paralela destas estirpes de uma amostra para outra.

4.2.2. Produtos ambientais

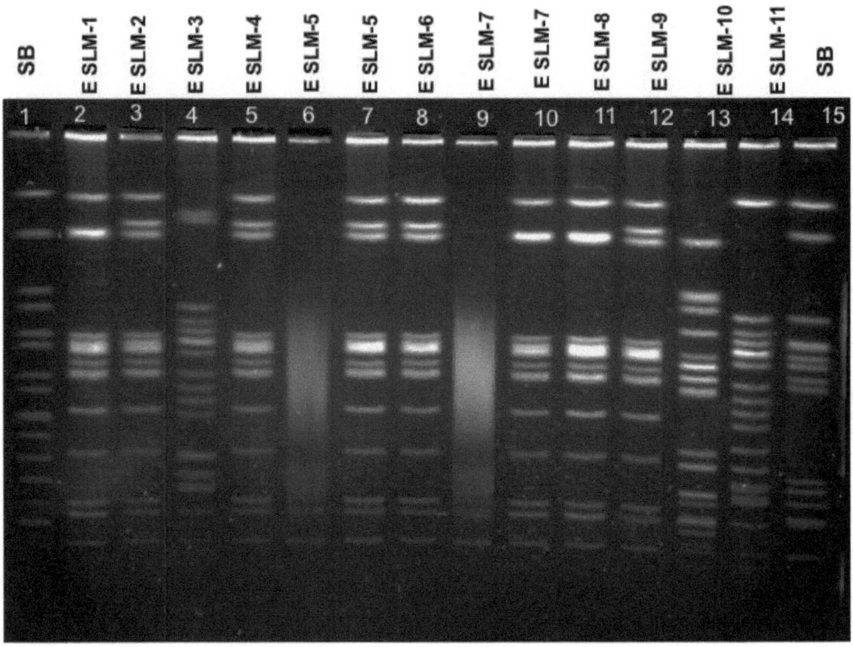

Figura 4.6: Gel de PFGE 1 para isolados *de Salmonella* spp. do produto ambiental digeridos com *XbaI.* As pistas 1 e 15 foram utilizadas com o padrão de referência *Salmonella braenderup* (H9812). As pistas 2 a 14 são perfis de PFGE para isolados de amostras de solo e de esgotos.

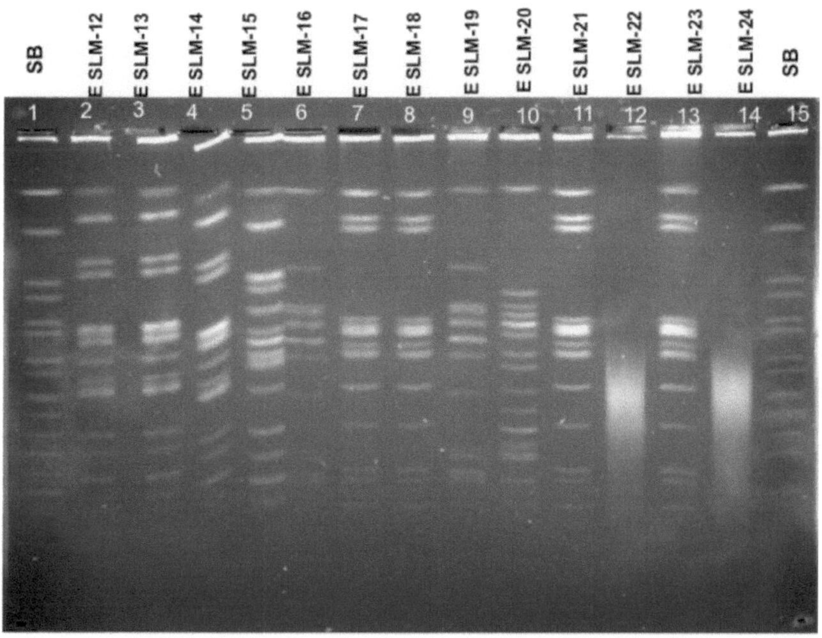

Figura 4.7: Gel de PFGE 2 para isolados *de Salmonella* spp. do produto ambiental digeridos com *XbaI.* As pistas 1 e 15 são corridas com o padrão de referência *Salmonella braenderup* (H9812). As pistas 2 a 14 são perfis de PFGE para isolados de amostras de solo e de esgotos.

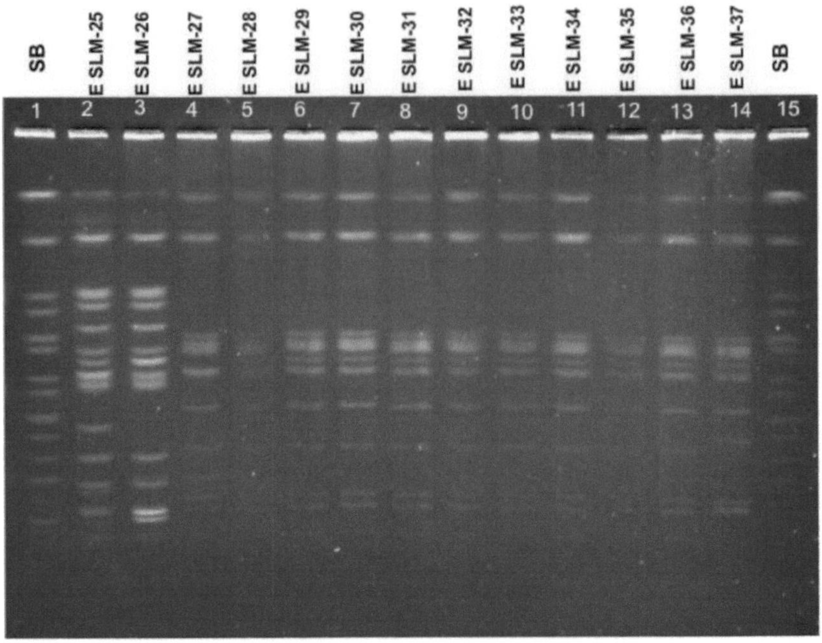

Figura 4.8: Gel de PFGE 3 para isolados *de Salmonella* spp. do produto ambiental digeridos com *XbaI.* As pistas 1 e 15 são corridas com o padrão de referência *Salmonella braenderup* (H9812). As pistas 2 a 14 são perfis de PFGE para isolados de amostras de solo e de esgotos.

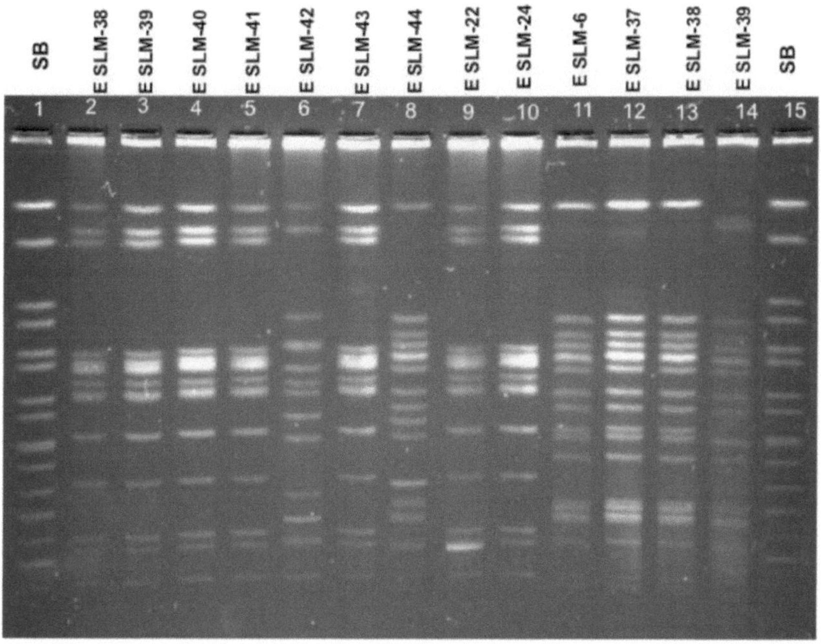

Figura 4.9: Gel de PFGE 4 para isolados *de Salmonella* spp. do produto ambiental digeridos com *XbaI.* As pistas 1 e 15 são corridas com o padrão de referência *Salmonella braenderup* (H9812). As pistas 2 a 14 são perfis de PFGE para isolados de amostras de solo e de esgotos.

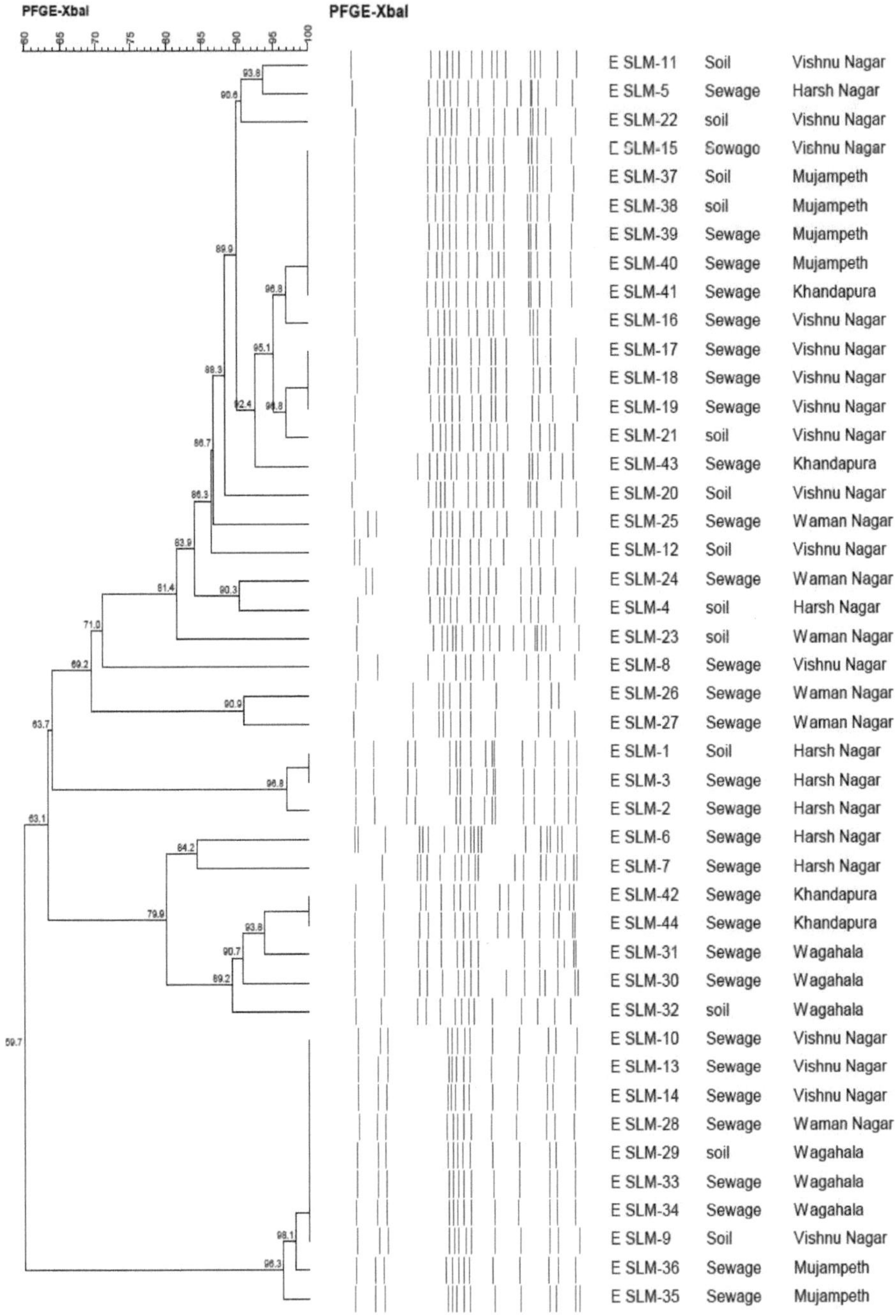

Figura 4.10: Imagem do dendrograma de 44 isolados *de Salmonella* spp. do solo e de

produtos de esgotos digeridos com *XbaI.*

O dendrograma para os isolados *de Salmonella* spp. do solo e dos esgotos apresentou dois ramos distintos. A maioria dos isolados concentrou-se no primeiro grupo (Grupo A) com um total de 34 isolados. O segundo grupo (grupo B) era constituído por 10 isolados, 8 dos quais produziram bandas indistinguíveis com 100% de semelhança. Os outros dois isolados E SLM-36 e 35 apresentaram uma semelhança de 98,1% e 96,3%, respetivamente, com os restantes 8 isolados do grupo B. Os 8 isolados foram E SLM-10, 13, 14, 28, 29, 33, 34 e 9. Neste grupo, há 4 isolados de Vishnu nagar, entre os quais 3 são de origem de esgotos e 1 isolado da amostra de solo. Os isolados E SLM-10, 13 e 14 são provenientes de esgotos e o isolado E SLM-9 é proveniente do solo. As estirpes E SLM-28, 33 e 34 eram também provenientes de esgotos. A primeira estirpe era proveniente de Waman nagar e as duas últimas, da região de Wagahala. Apenas um isolado, E SLM-29, da região de Wagahala, de origem no solo, foi obtido no grupo B.

O grupo A inclui 4 grupos de isolados que apresentaram um padrão de bandas idêntico. No primeiro grupo há 6 isolados, 4 provenientes de fontes de esgotos e 2 de fontes do solo. E SLM-15, 39, 40 e 41 são isolados de esgotos, sendo o primeiro de Vishnu nagar e os dois isolados seguintes de origem Mujampeth. 4th isolado era de origem Khandapura. Os restantes dois isolados provinham de amostras de solo (E SLM-37 e 38) da zona de Mujampeth. O segundo grupo no agrupamento A inclui E SLM 17,18 e 19. Os três isolados provinham de fontes de esgotos de Vishnu nagar. O terceiro e quarto grupos tinham dois isolados cada. No terceiro grupo, os isolados eram provenientes de Harsh nagar, um dos quais das águas residuais (E SLM-3) e o segundo isolado (E SLM-1) do solo. O quarto grupo de isolados provinha ambos de fontes de esgotos e da mesma localidade, Khandapura.

E SLM-16 apresentou 96,8% de similaridade com o primeiro grupo do cluster A, e apenas diferença numa única banda. E SLM-11 e E SLM-5 formaram um dendrograma com 93,8% de similaridade, e E SLM-22 mostrou 90,6 de similaridade com SLM-11 e 5. A E SLM-11 foi isolada do solo de Vishnu nagar e a SLM-22 era de origem de esgotos de Harsh nagar. A E SLM-21, proveniente do solo de Vishnu nagar, apresentou uma semelhança de 96,8% no padrão de bandas com os dois isolados anteriores, E

SLM-17, 18 e 19. E SLM-2 partilhou 96,8% de semelhança com o terceiro grupo de isolados do agrupamento. Os isolados E SLM-31, 30 e 32 eram todos provenientes da região de Wagahala e 31 e 32 eram provenientes de amostras de esgotos e o E SLM-32 do solo. Os dois primeiros partilharam 93,8% e 90,7% com o grupo 4th no grupo A.

Quadro 4.5: Distribuição por grupos de *salmonella* spp. para produtos do solo e de esgotos

Número de série	**Nome do local**	**Agregado A**					**Agregado B**	
		G- 1	**G- 2**	**G-**	**G- 4**	**Outros**	**G- 1**	**Outros**
1	Vishnu Nagar	1	3	0	0	7	4	0
2	Mujampeth	4	0	0	0	0	0	2
3	Khandapura	1	0	0	2	1	0	0
4	Wagahala	0	0	0	0	3	3	0
5	Waman Nagar	0	0	0	0	5	1	0
6	Harsh Nagar	0	0	2	0	5	0	0
Total		**6**	**3**	**2**	**2**	**21**	**8**	**2**
		34					**10**	

O quadro acima (Quadro 4.5) descreve a distribuição dos isolados *de Salmonella* spp. no dendrograma. A maioria dos isolados concentrou-se no agrupamento A. Apenas os isolados de Vishnu nagar e Khandapura foram distribuídos em dois ou mais grupos no agrupamento A.

Considerando os grupos A e B, a maioria dos isolados era de origem de esgoto, com 70,45% do total de amostras positivas. Os isolados positivos do solo representaram 29,55% do total de amostras positivas (Quadro 4.6). Existem diferentes padrões de bandas para as *salmonelas* spp. da mesma localidade, o que indica a existência de diferentes origens genéticas no mesmo local.

Tabela 4.6: Distribuição percentual de isolados de *salmonela* de amostras de solo e esgoto

Em série Não	**Local**	**Resultado positivo da RT PCR (%)**	
		Solo	**Esgotos**
1	Harsh Nagar	28.57	71.43
2	Mujampeth	33.33	66.67
3	Khandapura	0.00	100.00
4	Vishnu Nagar	40.00	60.00
5	Waman Nagar	16.67	83.33
6	Wagahala	33.33	66.67
Total		**29.55**	**70.45**

O quadro 4.5 mostra claramente que os mesmos isolados foram obtidos em vários locais e a partir de amostras de solo e de esgotos na zona de Nanded. Simplesmente devido à agricultura e a outras actividades agrícolas, estas bactérias são capazes de se espalhar entre o solo e as vias de esgoto. Além disso, alguns agricultores utilizam água de esgotos para fins de irrigação e até água contaminada para beber ou cozinhar. Isto tem um impacto direto na propagação do micróbio através da cadeia alimentar, causando doenças em animais e seres humanos.

4.2.3 Produtos clínicos

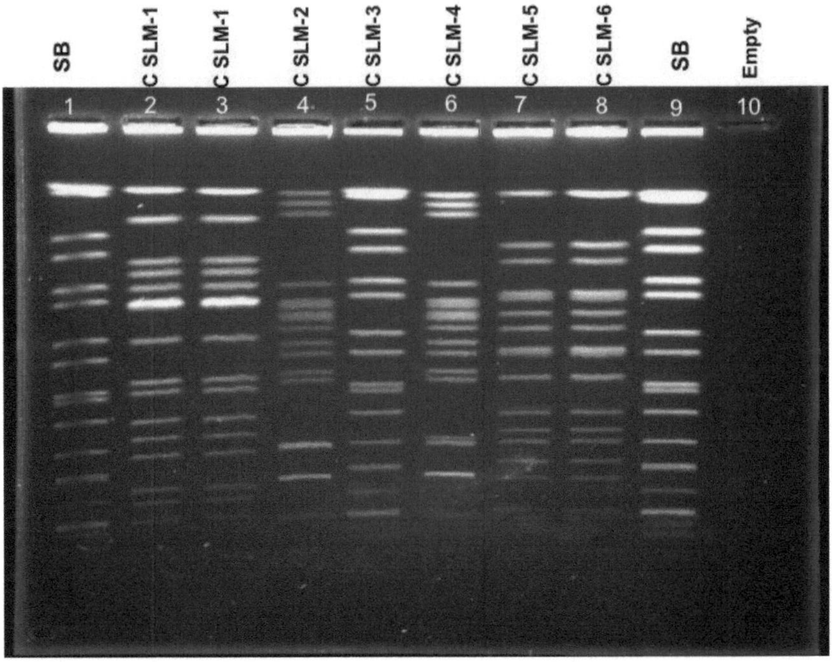

Figura 4.11: Gel 1 de PFGE para amostras clínicas de isolados *de Salmonella* spp. digeridos com *XbaI.* As pistas 1 e 9 são corridas com o padrão de referência *Salmonella braenderup* (H9812). As pistas 2 a 8 são perfis de PFGE para isolados de amostras clínicas.

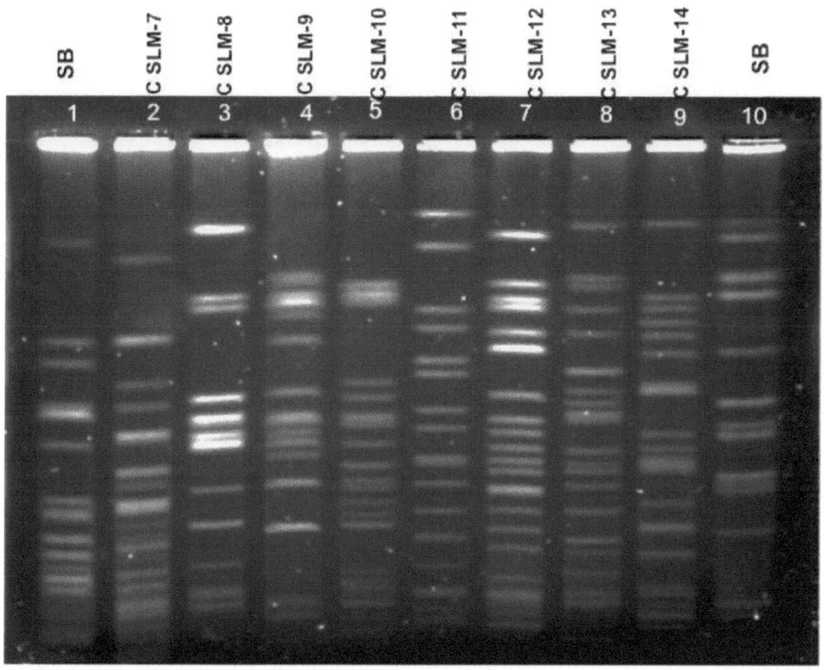

Figura 4.12: Gel de PFGE 2 para amostras clínicas de isolados *de Salmonella* spp. digeridos com *XbaI.* As linhas 1 e 10 são corridas com o padrão de referência *Salmonella braenderup* (H9812). As pistas 2 a 9 são perfis de PFGE para isolados de amostras clínicas.

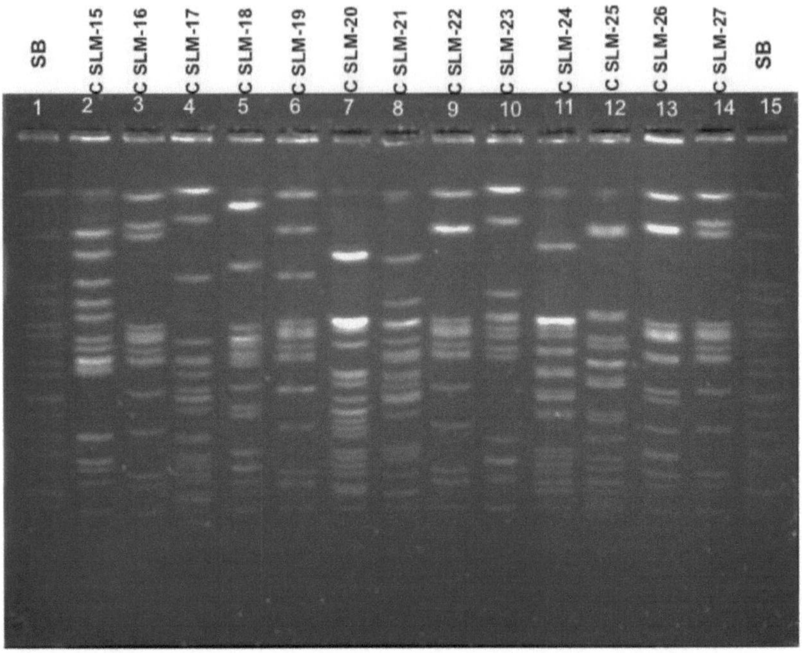

Figura 4.13: Gel de PFGE 3 para amostras clínicas de isolados *de Salmonella* spp. digeridos com *XbaI.* As linhas 1 e 15 são corridas com o padrão de referência *Salmonella braenderup* (H9812). As pistas 2 a 14 são perfis de PFGE para isolados de amostras clínicas.

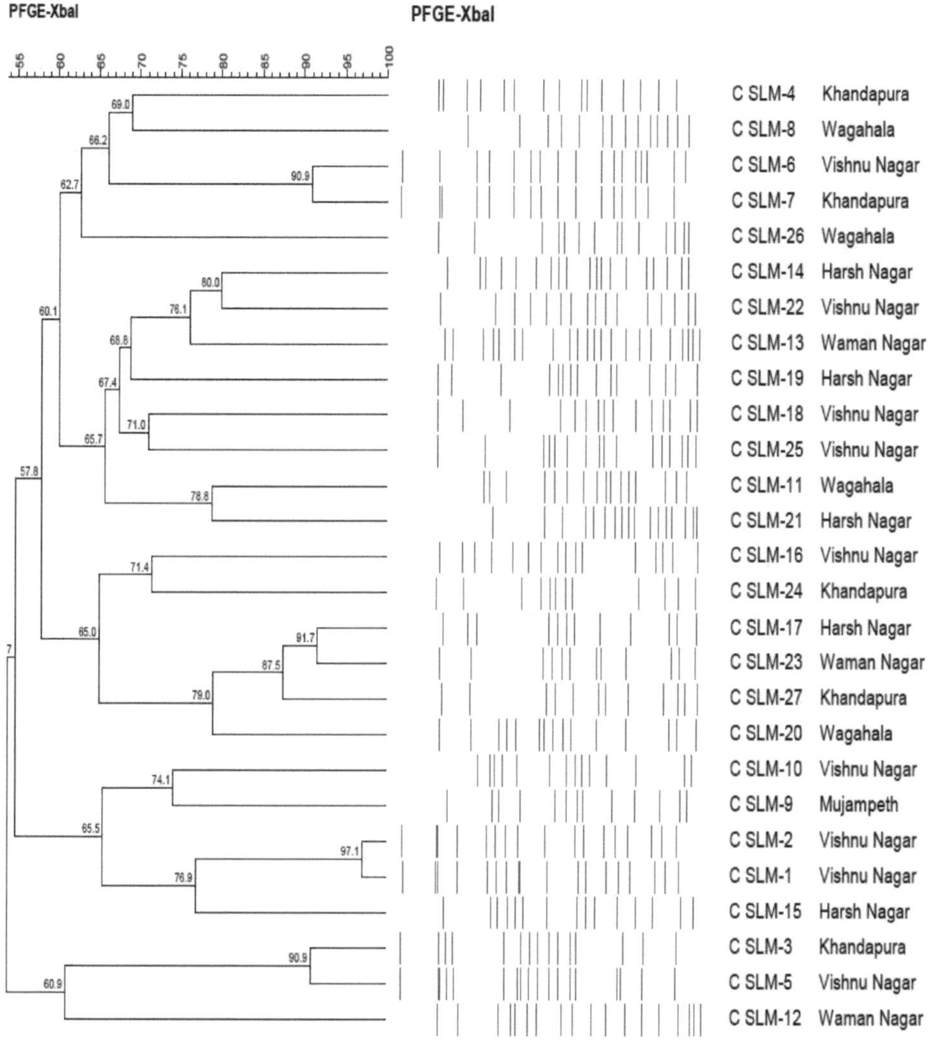

Figura 4.14: Imagem do dendrograma de 27 isolados clínicos *de Salmonella* spp. digeridos com *XbaI.*

O dendrograma para a amostra clínica é constituído por 27 padrões. Todos os isolados produziram padrões de bandas individuais. No entanto, existem três grupos de isolados constituídos por 2 isolados, cada um com uma semelhança de padrão de banda muito próxima. Os isolados C SLM 1 e C SLM 2 partilharam uma semelhança de 97,1%. [rd]O segundo grupo, C SLM 3 e 5, e o terceiro grupo, C SLM 7 e 9, partilharam 90,3% cada.

Todos os outros isolados produziram menos de 90% de semelhança e um mínimo de 57,8%. Foram formados 5 grupos a partir do ramo principal. O agrupamento 1 no topo do dendrograma com 5 isolados, incluindo C SLM-4, 8, 6, 7 e 26. Todos os isolados eram provenientes de vários locais e não apresentavam qualquer relação na sua estrutura genética. Dois isolados que produziram pelo menos mais de 90% de similaridade foram C SLM-6 e 7. No entanto, não podem ser considerados como tendo a mesma origem genética. O segundo grupo é constituído por 8 isolados, incluindo C SLM-14, 22, 13, 19, 18, 25, 11 e 21. Nenhum dos isolados produziu qualquer semelhança relevante no padrão de bandas. O terceiro grupo é constituído por 6 isolados, C SLM-16, 24, 17, 23, 27 e 20. Todos os isolados provêm de localidades mistas e não apresentam padrões de bandas idênticos. O quarto grupo é constituído por C SLM-10, 9, 2, 1 e 15. Apenas neste grupo 2 isolados apresentaram uma percentagem mais elevada de semelhança no padrão de bandas. O último grupo de agrupamento é constituído por 3 isolados, incluindo C SLM 3, 5 e 12. Os três isolados do último grupo eram de localidades diferentes e não apresentavam qualquer semelhança na sua estrutura genética. O dendrograma (Figura 4.14) mostrou que todos os casos de infeção por *salmonelas* nestes doentes são casos esporádicos ou aleatórios e não estão associados a qualquer surto. Devido à indisponibilidade de um grande número de espécimes clínicos, apenas 27 isolados foram obtidos a partir das amostras recolhidas para estudo. No entanto, esta investigação poderia ser aplicada em tempo real para monitorizar grandes surtos e vias de infeção alimentar para monitorizar e controlar a propagação de agentes patogénicos bacterianos entre os alimentos e o ambiente.

4.3 Análise comparativa

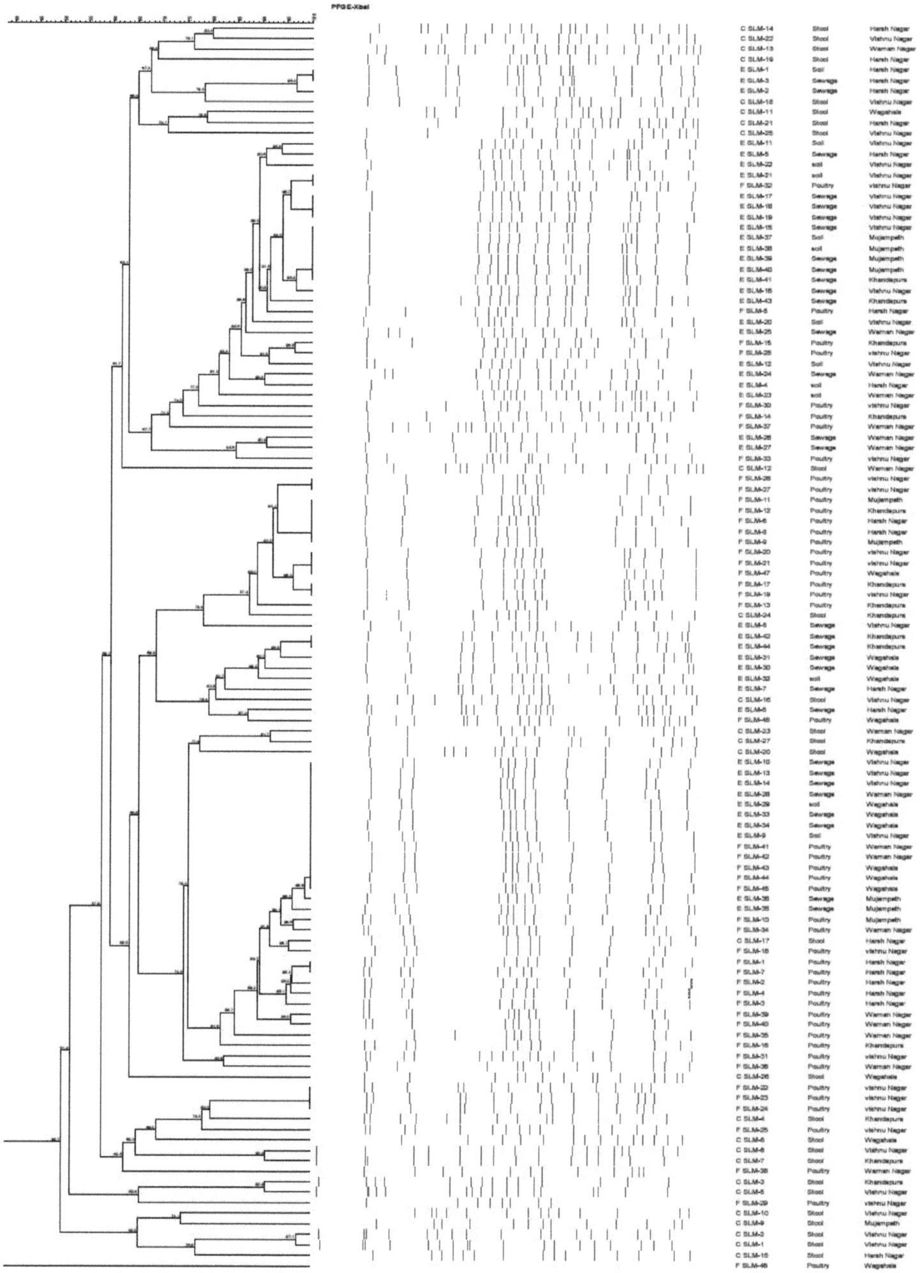

Figura 4.15: Imagem do dendrograma de todos os isolados de *salmonela* de isolados

alimentares, ambientais e clínicos digeridos com *XbaI.*

Quadro 4.7: Grupo 1 - Isolados de *salmonelas* geneticamente idênticos provenientes de aves de capoeira e de amostras ambientais.

S. Não.	Nome do isolado	Produto	Local
1	E SLM-21	Solo	Vishnu Nagar
2	F SLM-32	Aves de capoeira	Vishnu Nagar

Quadro 4.8: Grupo 2 - Isolados de *salmonelas* geneticamente idênticos provenientes de aves de capoeira e de amostras ambientais.

S. Não.	Nome do isolado	Produto	Local
1	E SLM-10	Esgotos	Vishnu Nagar
2	E SLM-13	Esgotos	Vishnu Nagar
3	E SLM-14	Esgotos	Vishnu Nagar
4	E SLM-28	Esgotos	Waman Nagar
5	E SLM-29	Solo	Wagahala
6	E SLM-33	Esgotos	Wagahala
7	E SLM-34	Esgotos	Wagahala
8	E SLM-9	Solo	Vishnu Nagar
9	F SLM-41	Aves de capoeira	Waman Nagar
10	F SLM-42	Aves de capoeira	Waman Nagar
11	F SLM-43	Aves de capoeira	Wagahala
12	F SLM-44	Aves de capoeira	Wagahala
13	F SLM-45	Aves de capoeira	Wagahala

Na comparação entre todos os isolados obtidos de espécimes de aves de capoeira, ambientais e clínicos, formaram-se 2 grupos de isolados com uma estrutura genética 100% semelhante no dendrograma. O primeiro grupo é composto por 2 isolados, e o segundo grupo é composto por 13 isolados. A Tabela 4.7 e a Tabela 4.8 correspondem aos pormenores dos isolados em cada grupo.

No primeiro grupo, ambos os isolados provinham dos locais de origem da amostra, Vishnu nagar. E SLM-21 e F SLM-32 produziram padrões de bandas indistinguíveis com 100% de semelhança de estrutura genética no dendrograma. E SLM-21 foi uma amostra ambiental isolada do solo recolhido em Vishnu nagar, e F SLM-32 foi uma amostra de aves de capoeira da mesma localidade. Do mesmo modo, no grupo 2, há 13 isolados, 8 do ambiente e 5 de amostras de aves de capoeira, que partilham 100% de semelhança genética. Dos 8 isolados provenientes do ambiente, 6 provêm de amostras de esgotos e 2 do solo. Se considerarmos os locais de origem destas amostras, 3 amostras de esgotos são de Vishnu nagar, 2 isolados de Wagahala e 1 isolado de Waman nagar. Há também isolados *de salmonelas* provenientes do solo, um de Waman nagar e outro de Vishnu nagar. Este facto indica a propagação do micróbio na mesma fonte de amostras de diferentes localidades. Também são observados em amostras de esgotos e de solo, o que indica a transmissão de bactérias salmonelas entre várias fontes.

No segundo grupo, há 5 isolados de produtos de aves de capoeira, 3 isolados de Wagahala e 2 de Waman Nagar. Estas estirpes têm a composição genética exacta dos 8 isolados de salmonelas provenientes de amostras ambientais. Este padrão indica a contaminação cruzada ou a transmissão do agente patogénico bacteriano entre os alimentos e as amostras ambientais. É exatamente assim que a transferência pode chegar aos seres humanos e aos animais se não for implementado um processo adequado de saneamento ou limpeza na preparação, serviço e armazenamento dos alimentos. A transmissão de *salmonella* spp. das aves de capoeira para o ambiente pode dever-se a muitas razões. Uma vez que *as salmonelas* spp. são floras naturais das aves de capoeira (Dunkley. K. D., 2009), é muito provável que possam ser transmitidas através das suas fezes e de outros subprodutos animais para o meio ambiente. Além disso, situações como a falta de higiene na criação de aves de capoeira, um sistema inadequado de gestão de resíduos em restaurantes e talhos e outras actividades humanas podem levar à propagação de bactérias através de várias cadeias alimentares. Na Índia, um estudo efectuado sobre a distribuição de serovares *de salmonelas* num período de 5 anos a partir de 2001, um total de 557 isolados de NTS foram isolados de aves de capoeira. De seres humanos e animais foram obtidas 848 e 249 amostras, respetivamente, quando um total de 3079 amostras foram obtidas do Centro Nacional de Salmonelas e Escherichia (NSES) (Kumar, Y et al, 2008).

Um dos outros factores que influenciam a propagação de bactérias através da cadeia alimentar é a utilização de águas residuais ou contaminadas para fins de irrigação em actividades agrícolas e de cultivo. O ambiente e mesmo as culturas podem ser contaminados com salmonelas muito facilmente quando se utiliza água de esgotos. É evidente a partir do resultado que foi isolado um maior número de *Salmonella* spp. a partir de amostras de águas residuais em comparação com amostras de solo.

Capítulo 5: Resumo e conclusão

As Salmonella spp. causam salmonelose nos seres humanos e nos animais, sendo responsáveis por mais de 90% das infecções de origem alimentar nos seres humanos. As aves de capoeira, os intestinos de répteis e as aves são o habitat natural da *Salmonella* spp. (Xia *et al.*, 2009). As perdas económicas devidas à infeção por *salmonelas* na indústria dos cuidados de saúde e no comércio alimentar são uma grande preocupação em muitos países desenvolvidos e noutros países em desenvolvimento (Gomez *et al.*, 1997; Akiyama, T., 2011). A globalização desempenha um papel significativo na transferência de produtos alimentares e outros recursos agrícolas através do globo num espaço de tempo muito curto. A transferência desses agentes patogénicos, como bactérias, vírus e produtos químicos, é muito rápida e entra na nossa cadeia alimentar em qualquer ponto de fabrico, embalagem, armazenamento, distribuição ou mesmo durante a cozedura. Uma vez que o processo de identificação, rastreio e prevenção da propagação de tais agentes se tornou um passo necessário. Atualmente, as ferramentas de biologia molecular têm sido amplamente utilizadas para alcançar a máxima eficiência e sensibilidade dos testes e reduzir o tempo (Allos *et al.*, 2004; Tauxe *et al.*, 2006; Xia *et al.*, 2009). Uma combinação de RT PCR e de métodos de subtipagem genotípica como PFGE, MLST, MLVA, RFLP é utilizada na identificação de agentes patogénicos de origem alimentar em surtos alimentares (Jay *et al.*, 2005; Rivoal *et al,* 2009).

Nesta investigação, foi estabelecida uma correlação significativa do agente patogénico bacteriano entre várias fontes, tais como alimentos, ambiente e amostras clínicas, utilizando RT PCR e PFGE. 250 amostras de aves de capoeira, 340 amostras de solo e de esgotos (fonte ambiental) e 80 amostras de espécimes clínicos foram analisadas para detetar a presença de *Salmonella* spp. respetivamente, utilizando o método de cultura padrão de isolamento. Qualquer célula bacteriana suspeita da placa de cultura foi confirmada pelo processo RT PCR e foi efectuada uma comparação de parentesco genético utilizando PFGE e software de bioinformática. Foi identificado um total de 48 amostras de aves de capoeira, 44 amostras do ambiente e 27 amostras positivas de espécimes clínicos através da RT PCR. O processo de PFGE foi efectuado utilizando *Salmonella braenderup* (H1898) como estirpe de referência em condições operacionais normalizadas e as bandas foram analisadas no software Applied Math com definições predefinidas. Os isolados de amostras clínicas não produziram quaisquer padrões de bandas semelhantes aos isolados de aves de capoeira ou de produtos ambientais. Também os próprios isolados clínicos não apresentavam qualquer estrutura genética correspondente. Isto indica que os casos de infeção *por salmonelas* eram casos esporádicos ou isolados e não um surto de infeção de origem alimentar. No entanto, foi observada uma correlação clara entre as estirpes de aves de capoeira e as estirpes ambientais no dendrograma entre 15 isolados. 2 dos isolados produziram exatamente o mesmo padrão de bandas. Outros 13 formaram outro grupo com 100% de semelhança. O primeiro grupo continha um isolado de aves de capoeira e um isolado do solo, ambos de Vishnu nagar. Observou-se aqui um claro processo de contaminação cruzada. No segundo grupo, as amostras eram portadoras *de salmonelas* com a mesma estrutura genética, mesmo do outro lado do rio, em Nanded. Este método de investigação pode ser aplicado em termos de investigação de surtos e de rastreio da transmissão de agentes patogénicos alimentares através de vários locais e fontes. A manutenção de uma base de dados deste tipo iria definitivamente lançar mais luz sobre os surtos e investigações de origem alimentar, desde que os agentes patogénicos bacterianos das vítimas e os agentes alimentares causadores sejam identificados e comparados com a base de dados existente.

Em conclusão, o objetivo principal da investigação foi alcançado através do estabelecimento de uma correlação significativa entre amostras de aves de capoeira, ambientais e clínicas. Abordagens moleculares recentes, como RT PCR e PFGE, ajudam na investigação e preparação para surtos.

Capítulo 6: Bibliografia

Adams, M.R., e Moss. M.O. (2008). *Salmonella,* p. 235-244, em Food Microbiology. REINO UNIDO: The Royal Society of Chemistry.

Agasan, A., Kornblum, J., Williams, G., Pratt, C.C., Fleckenstein, P., Wong, M., e Ramon, A. (2002). Profile of *Salmonella enterica* subsp. *enterica* (Subspecies I) Serotype 4,5,12:i:- Strains Causing Food Borne Infections in New York City. *Journal of Clinical Microbiology,* 40: pp. 1924-1929.

Akiyama, T., e Khan, A.A., Cheng, C.M., e Stefanova, R. (2011). Caracterização molecular de *Salmonella* enterica serovars Saintpaul isolada de marisco importado, pimenta, amostras ambientais e clínicas. *Food Microbiology,* 28 (6): pp. 1124-1128.

Allos, B.M., Moore, M. R., Griffin, P.M., e Tauxe, R.V. (2004). Vigilância de doenças esporádicas de origem alimentar no século XXI: a perspetiva da FoodNet. *Clinical Infectious Disease,* 38(3):pp. 115-120.

Amagliani, G., Brandi, G., e Schiavano, G.F., (2012), Incidência e papel da *Salmonella* na segurança dos produtos do mar, *Food Research International,* 45: pp.780-788.

Barrett, T.J. (2006). Interpretação da eletroforese em gel de campo pulsado na investigação e vigilância de doenças de origem alimentar. *Foodborne Pathogens and Disease*, 3(1): pp. 20-31.

Brenner, F.W., Villar, R.G., Angulo, F.J., Tauxe, R., e Swaminathan, B. (2000). Guest commentary: *Salmonella* nomenclature, *Journal of Clinical Microbiology*, 38(7): 2465-2467.

Botteldoorn, N., Herman, N.L., Rijpens, e Heyndrickx, M., (2004). A tipagem fenotípica e molecular de estirpes *de Salmonella* revela diferentes fontes de contaminação em dois matadouros comerciais de suínos. *Applied and Environmental Microbiology,* 70: pp. 5305-5314.

Carrasco, E., Morales-Rueda, A., e Garcia-Gomeno, R.M. (2012). Contaminação cruzada e recontaminação por *Salmonella* em alimentos: A review, *Food Research International,* 45: pp-545-556.

Centros de Controlo e Prevenção de Doenças. (2009). Vigilância *de salmonelas*: Resumo anual, 2009. Atlanta, GA: Departamento de Saúde e Serviços Humanos dos EUA, CDC.

Centros de Controlo e Prevenção de Doenças. (2014).

http://www.cdc.goV/pulsenet/pathogens/protocol-images.html#pfge, Acedido em 01/11/2016.

Chandra, M., Singh, B.R., Shankar, H., Agarwal, M., Agarwal, R.K., Sharma, G., Babu, N. (2007). Prevalência de anticorpos *contra Salmonella* entre cabras abatidas para chevon em Bareilly (Norte da Índia). *Preventive Veterinary Medicine,* 80: pp. 1-8.

Danum, L.T., Barnes, W.J., McAvin, J.C., Neidert, M.S., Cooper, L.A., Huff, W.B., Gaul, L., Riggins, W.S., Morris, S., Salmen, A., and Lohman, K.L. (2002), Real-Time PCR Detection of *Salmonella* in Suspect Foods from a Gastroenteritis Outbreak in Kerr Country, Texas, *Journal of Clinical Microbiology,* 40(8): pp. 3050-3052

D'AOUST, J.Y., (1991) Pathogenicity of foodborne *Salmonella. International Journal of Food Microbiology*, 12:pp. 17-40

D'AOUST, J.Y., (1994) *Salmonella* and the international food trade, *International Journal of Food Microbiology*, 24: pp. 11-31

Dionisi, A.M., Carattoli, A., Luzzi, Magistrali, C., Pezzotti, G. (2006). Molecular genotyping of Salmonella enterica Abortusovis by pulsed field gel electrophoresis, *Veterinary Microbiology,* 116: pp. 217-223.

Dunkley, K.D., Callaway, T.R., Chalova, V.I., McReynolds, J.L., Hume, M.E., Dunkley, C.S., Kubena, L.F., Nisbet, D.J., e Ricke, S.C. (2009). Ecologia *de Salmonella* de origem alimentar no trato gastrointestinal das aves. *Anaerobe,* 15: pp. 26-35.

Eriksson. E., Aspan, A. (2007). Comparação das técnicas de cultura, ELSA e PCR para a deteção de *Salmonella* em amostras fecais de bovinos, suínos e aves de capoeira, *BMC Veterinary Research,* 3(21): pp. 1-19.

El-Gazzar, F.E., & Marth, E.H. (1992) *Salmonellae,* Salmonellosis, and Dairy Foods: *A Review. Journal of Dairy Science,* 75: pp. 2327-2343.

Farmer III, J.J., Boatwright, K.D., e Janda, J.M. (2007). *Enterobacteriaceae:* Introdução e identificação. In Manual of Clinical Microbiology (Volume I), 9th edn., p. 661. Editado por P. R. Murray, E. J. Baron, J. H. Jorgensen, M. L. Landry e M. A. Pfaller. Washington DC: ASM Press.

Fendri I, Hassena AB, Grosset N, Barkallah M, Khannous L, Chuat V, Gautier M, Gdoura R. (2013). Diversidade genética de estirpes *de Salmonella* isoladas de alimentos através de eletroforese em gel de campo pulsado (PFGE) e consenso intergénico repetitivo enterobacteriano (ERIC-PCR), *PLOS ONE*, 8(12): 1-8.

Foley, S.L., Lynne, A.M., e Nayak, R. (2009). Metodologias de tipagem molecular para rastreio de fontes microbianas e investigações epidemiológicas de agentes patogénicos bacterianos Gram-negativos de origem alimentar. *Infection Genetics and Evolution,* 9: pp. 430-440.

Gerner-Smidt P., Hise, K., Kincaid, J., Hunter, S., e Rolando, S. (2006). PulseNet USA: a five-year update, *Foodborne Pathogens and Disease*, 3: pp. 9-19

Goh, Y.L, Yasin, R, Puthucheary, S.D., Koh, Y.T., Lim, V.K.E., Taib, Z., e Thong, K.L. (2003). DNA fingerprinting of human isolates of *Salmonella* enterica serotype Paratyphi B in Malaysia, *Journal of Applied Microbiology*, 95: pp. 1134-1142.

Grimont, P.A.D., Grimont, F., e Bouvet, P. (2000). Taxonomia do Género *Salmonella.* Em *Salmonella* in Domestic Animals, p. 1-17. Editado por C. Wray e A. Wray. Florida: CABI Publishing.

Handjinicolaou, A.V., Demetriou, V.L., Emmanuel, M., Kakoyiannis, C.K., e Kostrikis, L.G. (2008). Molecular beacon-based real time PCR detection of *Salmonella typhimurium* and *Salmonella enteritidis* in environmental and clinical samples, *BMC Microbiology,* 9(97): pp. 1-14.

Hendriksen, R.S. (2003). Protocolos laboratoriais - Curso de formação de nível 1, Identificação de Salmonella, 4th Edn. Em A global *Salmonella* surveillance and laboratory support project of the World Health Organization,

Hensel, M. (2004). Evolução das ilhas de patogenicidade de Salmonella enterica. *Jornal Internacional de Microbiologia Médica,* 294: pp. 95-102.

Hunter, S.B., Vauterin, P., Lamber-Fair, M.A., Duyne M.S.V., Kubota, K., Graves, L., Wrigley, D., Barrett, T., Ribot, E. (2005). Estabelecimento de uma estirpe padrão de tamanho universal para utilização com os protocolos de eletroforese em gel de campo pulsado normalizados PulseNet: Converting the National Databases to the New Size Standard, *Journal of Clinical Microbiology*, 43(3): pp-1045-1450.

Hurley, D., McCusker, M.P., Fanning, S., e Martins, M., (2014). *Salmonella-* host interactions-modulation of the host innate immune system, *Frontiers in Immunology,* 481(5): pp. 1-11.

Hyeon, J., Chon, J., Park, J., Kim, M., Oh, Y., Choi, I., e Seo, K. (2013). A Comparison of subtyping methods for Differentiating *Salmonella enterica* Serovar *Enteritidis* Isolates Obtained from Food and Human Source, *Osong Public Health Research Perspectives,* 4(1): pp. 27-33.

Jay, J.M., Loessner, M.J., e Golden, D.A., (2005). Em Jay, J.M., M.J. Loessner, e D.A. Golden. (eds.). Modern Food Microbiology. NY: Springer.

Jyoti, A., Ram, S., Vajpayee, P., Singh G., Dwivedi, P.D., Jain, S.K., Shanker, R. (2010). Contaminação da água de superfície e potável no Sul da Ásia por *Salmonellae:* Quantificação independente da cultura com PCR em tempo real de farol molecular. *Science of The Total Environment,* 408: pp. 12561263.

Kakatkar, A.S., Pansare, L.S., Gautam, R.K., Shashihar, R., Karani, M., e Bandekar, J.R. (2011). Caracterização molecular de *Salmonella* resistente a antibióticos isolada de alimentos da Índia. *Food Research International,* 44: pp. 3272-3275.

Kubota, A., Barrett, T.J., Ackers, M.L., Brachman, P.S., e Mintz, E.D. (2005). Analysis of Salmonella enterica Serotype Typhi Pulsed-Field Gel Electrophoresis Patterns Associated with International Travel, *Journal of Clinical Microbiology,* 43(3): pp. 1205-1209.

Kumar, Y., Sharma, A., Sehgal, R. & Kumar, S. (2009) Distribution trends of *Salmonella* serovars in India (2001-2005), *Transactions of the Royal Society of Tropical Medicine and Hygiene*, 103: pp. 390-394.

Lanconcha, I., Baggesen, D.L., Rementeria, A., e Garaizar, J. (2000). Genotypic characterization by PFGE of Salmonella enterica serotype Enteritidis phage type 1, 4, 6, and 8 isolated from anila and human sources in the European countries, *Veterinary Microbiology,* 75: pp 155-165.

Lee, S.H., Jung, B.Y., Rayamahji, N., Lee, H.S., jeon, W.J., Choi, K.S., Kweon, C.H., e Yoo, H.S. (2009). A multiplex real-time PCR for differential detection and quantification of *Salmonella* spp. *Salmonella enterica* serovars Typhimurium and Enteritidis in meats, *Journal of Veterinary Science*, 10(1): pp. 43-51.

Leon-Velarde, C. G., Cai, H. Y., Larkin, (2004) Evaluation of methods for the identification of *Salmonella* enterica serotype Typhimurium DT104 from poultry environmental samples, *Journal of Microbiological Methods*, 58: pp. 79-86

Levin, R.E., (2010). *Salmonella,* p. 79-127. Em Levin, R.E. (ed.). Rapid Detection and Characterization of Foodborne Pathogens by Molecular Techniques [Deteção e caraterização rápidas de agentes patogénicos de origem alimentar por técnicas moleculares]. Florida: CRC Press.

Lewin, B. (2004). Genes are DNA, *Genes VIII*, Pearson by Prentice Hall, Upper Saddel River, NT, pp 25-26.

Lodish, H.F., Berk, A., Kaiser, C., Krieger, M., Bretscher, A., Ploegh, H., Amon, A., e Scott, M.P. (2013). Técnicas de genética molecular, biologia celular molecular (7th Edn). Nova Iorque: W.H. Freeman and Co.

Liebana, E., Guns, D., Garcia-Migura, L., Woodward, M.J., Clifton-Hadley, F.A., e Davies, R. H. (2001). Molecular typing of *Salmonella* serotypes prevalent inanimals in England: assessment of methodology, *Journal of Clinical Microbiology.* 39: pp 3609-3616

Liming, S.H., e Bhagwat, A.A. (2004). Application of molecular beacon-real-time PCR technology to detect *Salmonella* species containing fruits and vegetables, *International Journal of Food Microbiology,* 95: pp. 177-187.

Malorny, B., Bunge, C., Helmuth, R. (2007). Um PCR em tempo real para a deteção de *Salmonella* Enteritidis em carne de aves de capoeira e consumo de ovos, *Journal of Medical Microbiological Methods,* 70: pp. 245-251.

Malorny, B., Made. D., e Lofstrom, C. (2013). Real-time PCR Detection of Food borne Pathogenic *Salmonella* spp., p. 57-77 : In Rodriguez-Lazaro, D., Caister Real-time PCR in Food Science - Current Technologies and Applications, UK: Academic Press.

Mammina, C., Giammanco, G.G., Romani, C., e Nastasi, A. (2005). Utilização da eletroforese em gel de campo pulsado (PFGE) e do polimorfismo de comprimento de fragmento amplificado de enzima única (SE-AFLP) para isolados de subtipos de Salmonella enterica serotipo enteritidis. *Jornal Italiano de Saúde Pública,* 2(1): pp. 23-28.

Marrero-Ortiz, R., Han, J., Lynne, A.M., David, D.E., Stemper, M.E., Farmer, D., Burkhardt, W., Nayak, R., e Foley, S.L. (2012). Caracterização genética da resistência antimicrobiana em serovares *de Salmonella* enterica isolados de gado leiteiro em Wisconsin. *Food Research International,* 45: pp. 962-967.

Martelli, F. e Davies, R.H.(2012) Serovares *de Salmonella* isolados de ovos de mesa: An overview, *Food Research International,* 45(2): pp. 745754.

Mercanoglu T,B., Ben, U., e Aytac, S.A. (2009). Deteção rápida de *Salmonella* no leite através de um ensaio combinado de separação imunomagnética e reação em cadeia da polimerase. *Journal of Dairy Science,* 92: pp. 23822388.

Mericon DNA Bacteria Handbook - Para extração de ADN de bactérias Gramnegativas e Gram-positivas

Molbak, K., Olsen, J.E., e Wegener, H.C. (2006). Infecções *por Salmonella*, p. 57- 109. *Em* Riemann, H.P., e D. O. Cliver (eds.), Foodborne Infections and Intoxications. London: Academic Press (Elsevier).

Protocolo laboratorial normalizado de um dia (24-28 h) para a subtipagem molecular de *Escherichia coli* O157:H7, serótipos *de Salmonella, Shigella sonnei* e *Shigellaflexneri,* Pulse Net USA, Secção 5.1, 5.2, 5.4

O'Regan, E., McCabe, E., Burgness, C., McGuinness, S., Barry, T., Duffy, G.,Whyte, P., e Fanning, S. (2008). Desenvolvimento de um ensaio de PCR multiplex em tempo real para a deteção de múltiplos serótipos *de salmonela* em amostras de frango, *BMC Microbiology,* 8 (156): pp.1-11.

Pang, J., Chiu, T., Helmuth, R., Schrpeter, A., Guerra. B., Tsen, H. (2006). A pulsed field gel electrophoresis (PFGE) study that suggests a major world-wide clone of *salmonella enterica* serovars Enteritis, *International Journal Food Microbiology*, 116: pp. 305-312.

Peters, T.M., Berghold, C., Brown, D., Coia, J., Dionisi, A.M., Echeita, A., Fisher, I. S.T., Gatto, A.J., Gill, N., Green, P., Gerner-Smidt, P., Heck, M., Lederer, I., Lukinmaa, S., Luzzi, I., Maguire, C., Prager, R., Usera, M., Siitonen, A., Threlfall, E. J., Torpdahl, M., Tschape, H., Wannet, W., e Van Der Zwaluw, W. K.(2007). Relationship of pulsed field profiles with key phage types of *Salmonella* enterica serotype Enteritidis in Europe: results of an international multi-centre study. *Epidemiologia e Infeção,* 135: pp. 1274-1281.

Pray, L.A. (2008). Enzimas de restrição. *Nature Education* 1(1): 38

Ray, B. (2005). Infecções de origem alimentar, p. 361-366. *Em* Ray, B. (ed.) Fundamental Food Microbiology. Florida: CRC Press.

Rivoal, K., Protais, J., Queguiner, S., Boscher, E., Chidaine, B., Rose, V., Gautier, M., Baron, F., Grosset, N., Ermel, G., e Salvat, G. (2009). Utilização da eletroforese em gel de campo pulsado para caraterizar a heterogeneidade e a clonalidade de isolados *de Salmonella* serotipo Enteritidis, Typhimurium e Infantis obtidos de ovos líquidos inteiros. *International Journal of Food Microbiology*, 129: pp. 180-186.

Riyaz-Ul-Hassan, S., Verma, V., e Qazi, G.N. (2004) Rapid detection of *Salmonella* by polymerase chain reaction. *Molecular and Cellular Probes*, 18: pp. 333-339.

Ryan K.J., e Ray C.G. (2004). *Sherris Medical Microbiology* (4ª ed.), McGraw Hill, pp. 362-368.

Sabiha, S.T., Nilekar, S.L. (2012). Tipos de fagos de espécies *de Salmonella* multirresistentes numa zona rural de Maharashtra, *Bangladesh Journal of Medical Science*, 11 (1): pp. 37-39.

Sanchez-Vargas, F.M., Abdu-El-Haija, M.A., Gomez-Duarte, O.G. (2011). Infecções *por Salmonella*: An update on epidemiology, management, and prevention, *Travel Medicine and Infectious Disease*, 9(3): pp. 263277.

Sandt, C., Krouse, D., Cook, C., Hackman, A., Chmielecki, W., e Warren, N. (2006). The key role of pulsed-field gel electrophoresis in investigation of a largemgemultiserotype and multistate food-borne outbreak of *Salmonella* infections centered in Pennsylvania, *Journal of Clinical Microbiology,* 44: pp 3208-3212.

Sangrulkar, T.V., Gandham, S.V. (2012). An Outbreak Investigation of Food Poisoning from a Rural Village in Western Maharashtra, *Bombay Hospital Journal,* 54(2): pp. 236-240.

Scallan, E., Hoekstra, R.M., Angulo, F.J., Tauxe, R.V., Widdowson, M.A., Roy, S.L., Jones, J.L., e Griffin. P.M.(2011). Doenças de origem alimentar adquiridas nos Estados Unidos - principais agentes patogénicos. *Doenças Infecciosas Emergentes,* 17(1): pp. 7-15.

Scharff, R.L. (2012). Carga económica das perdas de saúde devido a doenças de origem alimentar nos Estados Unidos. *Journal of Food Protect.* 75: pp. 123-131.

Stepan, R., Sherwood, J.S., Petermann, S., e Logue, C.M. (2011). Análise molecular e comparativa de *Salmonella enterica* Senftenberg de humanos e animais usando PFGE, MLST e NARMS, *BMC Microbiology,* 11(153): pp.1-9.

Stevens, A., Kaboré, Y., Perrier-Gros-Claude, J.D., Millemann, Y., Brisabois, A., Catteau, M., Cavin, J.F., e Dufour. B. (2006). Prevalência e resistência aos antibióticos de *Salmonella* isolada de carne de bovino recolhida em matadouros e retalhistas em Dakar (Senegal). *Int J Food Microbiol.* 110: 178-186.

Struelens, M., De Ryck, R., e Delpano, A., 2001, Analysis of microbial genomic macrorestrition patterns by pulsed field gel electrophoresis (PFGE) typing. In: New Approches for the Generation and Analysis if Microbial Typing Data (Novas abordagens para a geração e análise de dados de tipagem microbiana). L. Diikshoorn, K. J. Towner, M. Struelens, Eds., Elsevier: Nova Iorque, pp. 159-176.

Suzuki, S. (1994). Patogenicidade de *Salmonella enteritidis* em aves de capoeira. *Jornal Internacional de Microbiologia Alimentar*, 21: pp. 89-105

Tauxe, R.V (2006). A subtipagem molecular e a transformação da saúde pública. *Foodborne Diseases and Pathogens*, 3: pp. 4-8

Tenover, F.C., e Arbeit R.D. (1995). Interpreting Chromosomal DNA Restriction Patterns Produced by Pulsed-Field Gel Electrophoresis (Interpretação de padrões de restrição de ADN cromossómico produzidos por eletroforese em gel de campo pulsado):

Critérios para a tipagem de estirpes bacterianas. *Journal of Clinical Microbiology,* 33(9): 2233-2239.

Threlfall, E.J. (2002). Antimicrobial drug resistance in *Salmonella:* problems and perspectives in food- and water-borne infections. *FEMS Microbiology Reviews,* 26: pp. 141-148.

Threlfall, E.J., e Frost, J. A. (1990). Identificação, tipagem e impressão digital de *Salmonella*: aspectos laboratoriais e aplicações epidemiológicas. *Journal of Applied Bacteriology,* 68: pp. 5-16.

Tsen H., Lin, J., Hsih, H. (2002). Pulsed field gel electrophoresis for animal Salmonella enterica serovars Typhimurium isolates in Taiwan, *Veterinary Microbiolog,* 87: pp.73-80.

Ungvari, A., Kardos, G., Nogrady, N., Turcsanyi, I., Paszti, J., Kiss, I., Bolfa, P., e Spinu, M. (2007), DNA-Fingerprinting and Pulsed Field Gel Electrophoresis of

Salmonella enterica serotype Infantis strain isolated from poultry, *Scientific Papers: Medicina Veterinária,* XL: pp. 182-186.

U.S. Food and Drug Administration. (1996). Food pathogenic Microorganisms and Natural Toxins Handbook *Salmonella* spp., *Bad Bug Book,*

Xia, X., Zhao, S., Smith, A., McEvoy, J., Meng, J., e Bhagwat, A.A. (2009), Characterization of *Salmonella* isolates from retail foods based on serotyping, pulse field gel electrophoresis, antibiotic resistance and other phenotypic properties, International Journal of Food Microbiology, 129, pp. 93-98

Wattiau, P., Boland, C., e Bertrand, S. (2011). Metodologias para a subtipagem de *Salmonella enterica* subsp. *enterica*: Gold Standards and Alternatives. *Applied Environmental Microbiology,* 77: pp. 7877-7885.

Wiedmann, M. (2002). Subtipagem de agentes patogénicos bacterianos de origem alimentar. *Nutrition Review,* 60: pp. 201-208.

Capítulo 7: Apêndice

7.1 Diagrama de fluxo do protocolo PulseNet PFGE

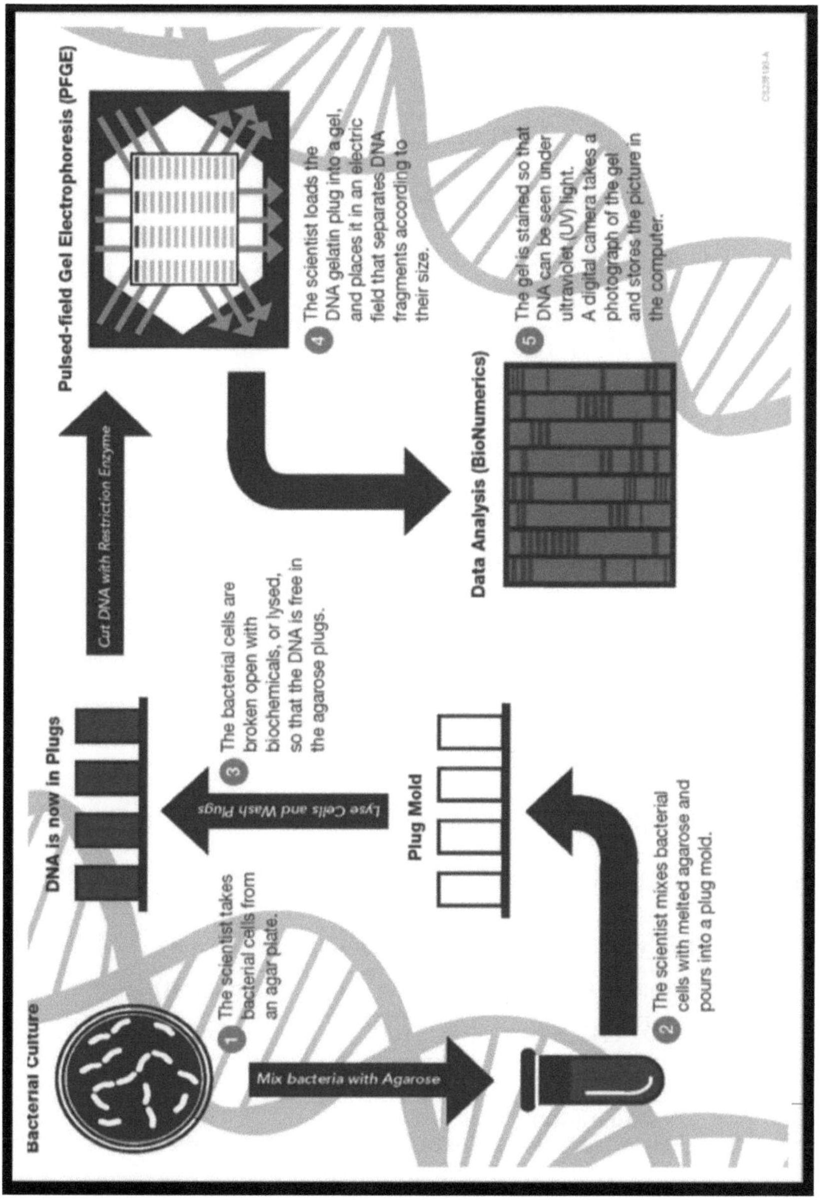

Figura 7.1 Diagrama de fluxo do protocolo PFGE PulseNet (CDC, fevereiro de 2014)

7.2 Preparação dos tampões de PFGE

7.2.1Tampão de suspensão celular (CSB)

100 mM Tris:100 mM EDTA, pH 8,0

1 M Tris	- 100 ml
0,5 M EDTA	- 200 ml

A mistura foi diluída para 1000 ml utilizando água ultra pura estéril.

O pH final foi ajustado para 8,0.

7.2.2 Tampão de lise celular (CLB)

50 M Tris:50 mM EDTA, pH 8,0 + 1% Sarcosyl

1 M Tris	- 50 ml
0,5 M EDTA	- 100 ml
10% Sarcosil	- 100 ml

A mistura foi diluída para 1000 ml utilizando água ultra pura estéril.

O pH final foi ajustado para 8,0.

7.2.3 Tampão Tris EDTA (TE)

10 mM Tris:1 mM EDTA, pH 8,0

1 M Tris	- 10 ml
0,5 M EDTA	- 2 ml

A mistura foi diluída para 1000 ml utilizando água ultra pura estéril.

O pH final foi ajustado para 8,0.

7.2.4 Tampão TBE a 0,5% (Tampão de funcionamento do gel)

Reagente	**Volume (ml)**	**Volume (ml)**
10X TBE Stock	100	125
CLRW	1900	2375
Volume total	2000	2500

7.2.5Tampão de pré-digestão

Reagente	pl/10Pl ug Fatias	Pl/15 Fatias de tampão
CLRW	1800 µl	2700 µl
Tampão de restrição 10X	200 µl	300 µl
Volume total	2000 µl	3000 µl

7.2.6Tampão de digestão enzimática

Reagente	pl/Plug Slice	pl/10 Fatias de tampão	Pl/15 Fatias de tampão
CLRW	177 µl	1770 µl	2655 µl
Tampão de restrição 10X	20 µl	200 µl	300 µl
Xbal (20.000 U/ml)	3 µl	30 µl	45 µl
Volume total	200 µl	2000 µl	3000 µl

MIX
Papier aus verantwortungsvollen Quellen
Paper from responsible sources
FSC® C105338

Printed by Books on Demand GmbH, Norderstedt / Germany